21世纪师范院校计算机实用技术规划教材

Photoshop 平面设计实用教程

（第 3 版）

孙毅芳　王丽敏　主　编

缪　亮　孙利娟　副主编

清华大学出版社

北　京

内 容 简 介

Photoshop 在图像处理和平面设计领域中的应用十分广泛。本书介绍 Photoshop CS6 中文版的基本操作,同时兼顾 Photoshop 在平面设计领域中的应用技巧。

本书内容丰富,实用性强。为了便于教学,每章均有针对性地精选了一些应用实例,并在章末提供了"本章习题"和"上机练习"两个学习模块,这样可以使学习者及时巩固学习成果并获得技能提高的机会。

为了让读者更轻松地掌握 Photoshop CS6 平面设计的方法,本书配套制作了多媒体教学光盘。教学光盘中提取了图书精华,提供了本书用到的实例源文件及各种素材。全程语音讲解,真实操作演示,便于读者学习掌握。

本书面向的对象为 Photoshop 的初、中级用户,适用于希望涉足计算机平面设计领域的读者,可作为各高等院校的教材,也可用作各类平面设计培训机构教材和计算机平面设计爱好者的自学读物。

图书在版编目(CIP)数据

Photoshop 平面设计实用教程/孙毅芳,王丽敏主编. —3 版. —北京:清华大学出版社,2016
(2022.2重印)
(21 世纪师范院校计算机实用技术规划教材)
ISBN 978-7-302-43739-0

Ⅰ. ①P… Ⅱ. ①孙… ②王… Ⅲ. ①平面设计—图象处理软件—教材 Ⅳ. ①TP391.41

中国版本图书馆 CIP 数据核字(2016)第 089044 号

责任编辑:魏江江　王冰飞
封面设计:杨　兮
责任校对:梁　毅
责任印制:刘海龙

出版发行:清华大学出版社
　　　网　　　址:http://www.tup.com.cn,http://www.wqbook.com
　　　地　　　址:北京清华大学学研大厦 A 座　　　　　　　邮　　编:100084
　　　社 总 机:010-62770175　　　　　　　　　　　　　　邮　　购:010-83470235
　　　投稿与读者服务:010-62776969,c-service@tup.tsinghua.edu.cn
　　　质量反馈:010-62772015,zhiliang@tup.tsinghua.edu.cn
　　　课件下载:http://www.tup.com.cn,010-83470236
印 装 者:三河市君旺印务有限公司
经　　销:全国新华书店
开　　本:185mm×260mm　　　　印　　张:22.5　　　　字　　数:564 千字
版　　次:2009 年 5 月第 1 版　　2016 年 8 月第 3 版　　印　　次:2022 年 2 月第 6 次印刷
印　　数:34201～35000
定　　价:49.50 元

产品编号:069237-01

前　言

随着科技的进步,计算机已经广泛应用到各个行业。在平面设计领域,计算机也已得到大量的应用。与此相关的软件应运而生,层出不穷。这中间的佼佼者无疑是美国 Adobe 公司的 Photoshop。

Photoshop 有着悠久的开发历史。早在 20 世纪 80 年代,Photoshop 就已随着计算机的个人化进程应运而生。经过多年的发展,Photoshop 逐渐发展壮大,每一次的升级都给人们带来不同凡响的感觉。Photoshop 逐渐成为图像处理软件的典范,拥有大量的用户,在广告设计、网页制作、包装设计和图书装帧等领域得到了广泛的应用。其设计思想、设计理念也影响了其他设计软件的开发和应用,成为事实上的行业标准。

本书特点

1. 内容翔实

本书是一本 Photoshop 使用入门与提高的图书,介绍 Photoshop CS6 简体中文版的各项功能和操作技法。内容包括 Photoshop 界面特点和文件的基本操作,对象获取的方法和技巧,使用 Photoshop 绘制图像的方法和技巧,对图像进行编辑和修饰的方法和技巧,图像色彩和色调的调整,图层、路径、通道和蒙版的有关知识和使用方法,动作的使用和滤镜特殊效果的创建等内容。

2. 突出实用

本书重点突出 Photoshop 在图像处理方面的优势,突出该软件的实用性,同时兼顾知识的系统性和完整性,全方位地体现 Photoshop 在专业领域的优势,使读者能够通过阅读本书对 Photoshop 的功能和操作有一个全方位的认识,真正实现由入门到掌握,再到灵活应用。

3. 结构合理

本书在结构上以实例为中心,避免枯燥的说教,使读者能够深切体验软件各项功能。章节按照由知识到应用的认知过程进行编排。在实例的制作过程中,穿插知识归纳和实用技巧点拨。每章均提供了具有针对性的习题和上机练习,给读者以思考和训练的空间。最后两章讲解行业应用综合案例,同时对行业特性进行分析归纳,使读者"知其然,知其所以然"。

4. 精选实例

实例选择合理,具有代表性。章节实例注重与知识点的密切结合,突出软件的特点,小巧而精致,同时兼顾平面设计行业需求。实例的制作步骤详细,条理清晰,使读者容易上手,便于理解。

本书作者

参加本书编写的作者均为从事 Photoshop 教学工作多年的资深教师和平面设计师,有着丰富的教学经验和平面设计经验。

本书主编孙毅芳(负责编写第 1 章～第 3 章)、王丽敏(负责编写第 4 章～第 6 章),副主编缪亮(负责编写第 7 章、第 8 章)、孙利娟(负责编写第 9 章、第 10 章),编委陈凯(负责编写第 11 章)、陶颖(负责编写第 12 章)。

郭刚、纪宏伟、何红玉、胡伟华、李敏、张海、丁文珂、董亚卓、姜彬彬、张爱文等也参与了本书创作和编写工作,在此表示感谢。另外,感谢聊城幼儿师范学校、商丘学院、开封文化艺术职业学院、开封大学、辽宁工程技术大学在本书创作过程中给予的支持和帮助。

相关网站

立体出版计划,为读者建构全方位的学习环境!

最先进的建构主义学习理论告诉我们,建构一个真正意义上的学习环境是学习成功的关键所在。学习环境中有真情实境,有协商和对话,有共享资源的支持,这样才能使学习者高效率地学习,并且学有所成。因此,为了帮助读者建构真正意义上的学习环境,特以图书为基础,为读者专设一个图书服务网站——课件吧。

网站提供相关图书资讯,以及相关资料下载和读者俱乐部。在这里,读者可以得到更多、更新的共享资源,还可以交到志同道合的朋友,相互交流、共同进步。

网站地址:http://www.cai8.net。

作　者

2016 年 5 月

目　　录

第 1 章

Photoshop CS6基础知识

平面设计是一种通过二维平面的文字和图像的组合来获得各种视觉效果的过程。它的应用十分广泛。随着计算机的普及,平面设计工作已越来越依赖于计算机。使用计算机来完成设计工作,离不开优秀的设计软件。Photoshop 就是其中的佼佼者。本章将介绍 Photoshop CS6 的基础知识,让读者对 Photoshop CS6 有一个初步的了解,为今后进一步学习奠定基础。

本章介绍 Photoshop CS6 的基础知识,主要包括以下内容。

- 初识 Photoshop CS6。
- 优化 Photoshop CS6 的使用环境。
- Photoshop CS6 的常规操作。

1.1 初识 Photoshop CS6

Photoshop 是目前市面上最为流行的图像处理软件之一,它的强大功能和易用性得到了用户的广泛认可。本节首先对 Photoshop 的有关知识进行简单介绍,然后介绍 Photoshop CS6 的用户界面结构。

1.1.1 Photoshop 概述

Photoshop 是 Adobe 公司于 20 世纪 80 年代推出的一款图像处理软件。二十多年来,在 Adobe 公司的不懈努力下,Photoshop 软件不断升级更新,逐渐地走向成熟和完善,已成为当今使用最为广泛的图像处理软件之一。

1. Photoshop 的应用领域

Photoshop 是一款主要用于位图图像文件处理的设计软件,具有基本的绘画功能、强大的对象选取能力,能够对图像文件进行整体或局部修整和变形,能够方便地对图像的色彩和色调进行调整。软件自带大量实用滤镜,能够创建各种炫目的特效。同时,Photoshop 具有强大的图层和通道功能,并提供对扫描仪和数码相机等外部设备的直接支持。同时,Photoshop 能够支持当前广泛使用的各种图像文件格式,并支持多种色彩模式。

正是因为 Photoshop 的强大的功能,它的应用才会十分广泛。从行业上来说,在广告业、影视娱乐业、机械制造业、建筑业等诸多需要进行平面设计的行业中均能找到 Photoshop 的身影。具体地说,Photoshop 被广泛应用到包装设计、广告设计、服装设计、各种招贴和网页设计、室内外装潢设计以及各种数码照片的处理等领域。

2. Photoshop 的基本特点

作为一款功能强大的图像处理软件,Photoshop 具有如下特点。

- 界面友好、风格独特。Photoshop 能够根据不同的操作需要和操作习惯来自定义操作界面。
- 支持大量的图像文件格式。Photoshop 支持二十多种图像文件格式,几乎涵盖了所有应用领域的图像文件格式。
- 支持多种颜色模式。使用 Photoshop 可以灵活转换各种颜色模式,包括灰度模式、CMYK 颜色模式、索引颜色模式和常见的 RGB 颜色模式等。
- 较好的软、硬件兼容性。Photoshop 能够很好地兼容不同软件生成的图像文件,能够设计与处理 Web 图像。同时,也能够兼容各种外围设备,如数码相机、摄像机、打印机和扫描仪等。

3. 关于 Photoshop CS6

2012 年 3 月 23 日,Adobe 公司发布了 Photoshop CS6 测试版。2012 年 4 月 24 日,Adobe 发布了 Photoshop CS6 正式版。Photoshop CS6 分为标准版 Photoshop CS6 和扩展版 Photoshop CS6 Extended。新版的 Photoshop 较老版本在功能上有了很大的增强。下面以标准版 Photoshop CS6 为例来进行具体的介绍。

在界面方面,Photoshop CS6 有极大的改变,主要体现在它使用全新典雅的 Photoshop 界面,深色背景的选择可凸显出所打开的图像,数百项设计改进能够提供给用户更顺畅、更一致的编辑体验。此外,它还提供了支持宽屏显示器的新式版面、经过改进的能够集二十多个面板于一身的全新的面板泊坞窗、可缩放的工具栏等。所有这些修改使得界面更加人性化,操作更为方便。

在功能上,Photoshop CS6 对已有的功能进行了加强,同时也增加了许多新的功能。例如,使用内容识别修补、Mercury 图形引擎、3D 性能提升、3D 控制功能、全新和改良的设计工具、现代化用户界面等,这些功能只是 Photoshop CS6 新功能中的一小部分,读者在后面的学习中将会充分体验 Photoshop CS6 功能的强大之处。

1.1.2 Photoshop CS6 的用户界面

Photoshop CS6 的界面较以前的版本有了很大改观。下面对 Photoshop CS6 主程序界面进行介绍。

1. 主程序界面的构成

启动 Photoshop CS6,打开一张图片,Photoshop CS6 在默认状态下的主界面工作区的结构如图 1-1 所示。下面对主界面中的各个构成元素进行介绍。

- 菜单栏:包含完成各种操作任务的菜单命令。选择菜单中的命令可实现各种操作。
- 工具箱:包含所有用于图像编辑处理和绘制图形的工具。工具箱具有单列显示和双列显示这两种形式。单击工具箱顶端的 ◄◄ 按钮可将工具箱转换为单列显示形式,再次单击此按钮,可恢复到默认状态。
- 工具选项栏:当在工具箱中选择了某个工具时,可在此栏中对该工具的参数进行设置。
- 面板:位于窗口右侧,面板是为了实现某些特定的功能而设置的。例如,可以使用

图 1-1　Photoshop CS6 的主程序界面

【信息】面板来了解图像中某个点的颜色信息和操作过程，使用【历史记录】面板监控和记录操作的步骤，使用【图层】面板对图层进行操作以实现对图像的编辑。面板可以放置于工作区的任何位置。对于放置于主界面右侧的面板，通过单击面板上的【折叠为图标】按钮 可将面板缩小为图标的形式，这样能够有效地增加工作区的面积。

- 文档窗口：显示打开的图像及其相关信息，对图像的处理在此窗口中进行。
- 状态栏：可以显示文档大小、文档尺寸、当前工具和窗口缩放比例等信息。

专家点拨：Photoshop CS6 的工作区可以很方便地进行自定义。在菜单中可以选择相应的菜单命令来改变工作区的布局。选择【窗口】→【工作区】→【复位基本功能】命令，可以将工作区的布局恢复到默认状态。

2. 文档窗口

文档窗口是对图像进行编辑和处理的场所。每打开一个图像文件，就会创建一个文档窗口。如果打开了多个图像，则各个文档窗口会以选项卡的形式显示。文档窗口的结构如图 1-2 所示。

在文档窗口的【图像缩放比例】文本框中输入适当的数字，可改变图像的显示大小。当【图像缩放比例】的数值设置为 100％时，文档窗口中显示的图像将保持原始大小；其值小于 100％时，图像将被缩小；其值大于 100％时，图像将被放大，如图 1-3 所示。当图像在显示窗口中无法完全显示时，文档窗口会出现滚动条。拖动文档窗口中的垂直和水平滚动条，可以显示图像中在文档窗口无法完全显示的部分。

图 1-2　文档窗口的结构

图 1-3　放大图像

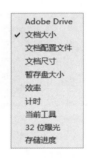

图 1-4　文档属性菜单

在默认状态下,状态栏将显示文档的大小信息,即图像文件的数据量信息。在显示的文档大小信息中,前一个数值表示文档合并图层和通道后的大小,后一个数值表示图层和通道未合并的文档大小。单击状态栏的信息区右侧的 ▶ 按钮可打开一个下拉菜单,如图 1-4 所示。

如果打开的文档较多,可以使用快捷键进行切换。按 Ctrl＋Tab 键,可以按打开文档的先后顺序从前向后进行切换;按 Ctrl＋Shift＋Tab 键,可以按打开顺序从后向前切换。

1.2　优化 Photoshop CS6 的使用环境

对 Photoshop CS6 进行合理的设置,能够充分发挥 Photoshop CS6 的性能,增强程序运行的稳定性,使操作快速便捷,提高图像处理效果。本节将对 Photoshop CS6 使用环境的设置进行介绍。

1.2.1　颜色设置

颜色设置一般用于对屏幕的色彩和打印机的喷墨调配比例进行设置,以防止图像输出时出现颜色溢出或失真的问题。选择【编辑】→【颜色设置】命令,打开【颜色设置】对话框,如图 1-5 所示。通过对对话框中的参数进行设置,可以完成颜色管理和色彩设置的工作。

这里,在【设置】下拉列表框中可以选择 Photoshop CS6 自带的颜色设置方案。在【工作空间】选项组中,可以设置每种颜色模式的工作颜色层面。这里的工作颜色层面用于保证每种颜色的数值与颜色的可视化外观相吻合。在【色彩管理方案】选项组中,可以设置颜色配置文件的管理方式。

图 1-5　【颜色设置】对话框

1.2.2　预设管理器的使用

使用预设管理器能够管理画笔、色板、渐变、样式等预设库。选择【编辑】→【预设】→【预设管理器】命令，打开【预设管理器】对话框，如图 1-6 所示。

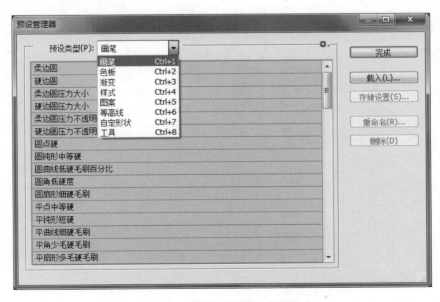

图 1-6　【预设管理器】对话框

图 1-7　打开菜单

在【预设类型】下拉列表框中有 8 个可以管理的项目选项供选择。对话框的中间显示出了各个设置项的预设模式。单击 ⚙. 按钮,可以打开图 1-7 所示的下拉菜单。通过选择菜单中的命令可对预设模式进行修改。

1.2.3　优化程序运行的设置

Photoshop CS6 对运行环境的要求很高。怎样使程序运行得到优化,尽可能地节省资源占用,保证程序稳定运行,是进行设置时必须考虑的问题。

1. 指定暂存盘的位置

当物理内存不够时,Photoshop 会使用硬盘的存储空间作为内存使用,这部分空间称为虚拟内存。虚拟内存以临时数据交换文件的形式创建在磁盘上,Photoshop 退出时会自动删除这一文件。在默认情况下,临时文件创建于启动时的硬盘或硬盘分区。实际上,Photoshop 允许将虚拟文件创建在任何一个硬盘分区。这个硬盘分区在 Photoshop 中被称为暂存盘。

选择【编辑】→【首选项】→【性能】命令,可打开【首选项】对话框。在该对话框下方的【暂存盘】选项组中,可指定暂存盘的位置。Photoshop CS6 可以指定多个暂存盘。暂存盘的速度显然比物理内存要慢,但能够保证 Photoshop CS6 稳定运行。暂存盘的指定如图 1-8 所示。作为暂存盘使用的硬盘分区必须要有足够的硬盘空间。当计算机中安装有多个硬盘时,应该选择速度较快的硬盘作为暂存盘,以提高 Photoshop CS6 的工作效率。

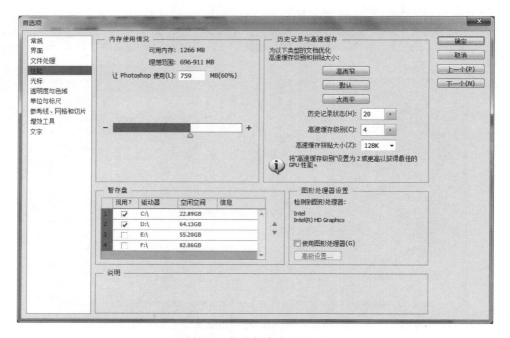

图 1-8　指定暂存盘的位置

2. 合理设置内存使用量

在图 1-8 所示的【首选项】对话框中的【内存使用情况】选项组中,【可用内存】显示出了可用的物理内存的容量。【让 Photoshop 使用】用于设置 Photoshop CS6 的内存最大使用量,其所占的百分比越大,使用的内存越多,处理图像时的工作就越流畅。这里不应该将内存使用量设置得过大,要考虑到操作系统的内存使用情况,否则会造成系统运行不稳定的问题。一般情况下,这里可设置为 $50\%\sim60\%$。

3. 历史记录和缓存的设置

【历史记录与高速缓存】选项组中的【历史记录状态】文本框用于设置记录历史记录的步数。若这个值设置得过高,将会导致资源占用过多,影响图像处理的速度。

在 Photoshop 中,可以实时预览使用某些命令或滤镜后的效果,这是由于 Photoshop 提供了缓存功能。【历史记录与高速缓存】选项组中的【高速缓存级别】文本框用于设置图像高速缓存的级别。级别设置得越高,则高速缓存的利用率就越高,图像预览的速度就越快,但设置过高的级别会导致占用的资源增多,影响到运行的稳定性。因此,根据实际内存的情况,可把【高速缓存级别】设置为 $4\sim8$。对于系统内存较大的用户,将其设置为 4 以上的级别,可以达到提高工作效率的作用,否则建议使用默认值 4。【高速缓存拼贴大小】下拉列表框用于设置个人经常处理的文件的大小。

1.3　Photoshop CS6 的常规操作

使用 Photoshop 进行平面设计,离不开对图像文件的操作。本节将介绍 Photoshop CS6 中图像文件的基本操作知识。

1.3.1　打开图像文件

在使用 Photoshop CS6 对图像进行编辑操作时,往往需打开图像文件。Photoshop CS6 打开图像文件的方法很多,这里介绍两种常用的方法。

1. 打开文件

启动 Photoshop CS6 后,选择【文件】→【打开】命令,打开【打开】对话框。使用该对话框可选择打开需要的图像文件,如图 1-9 所示。完成文件的选择后,单击【打开】按钮,即可在 Photoshop CS6 中打开所选择的文件。

2. 打开最近使用过的文件

选择【文件】→【最近打开文件】命令,在子菜单中将列出最近打开的文件。直接选择其中需要的文件,即可将其打开。

1.3.2　创建新的图像文件

选择【文件】→【新建】命令,打开【新建】对话框,对话框如图 1-10 所示。使用该对话框可以创建指定文件名、文件大小和背景颜色的新图像文件。

当对话框中的参数被修改后,【存储预设】按钮变得可用。单击该按钮,可打开【新建文档预设】对话框。使用该对话框可指定预设名称,并选择需要存储的参数内容,如图 1-11 所示。

图 1-9 【打开】对话框

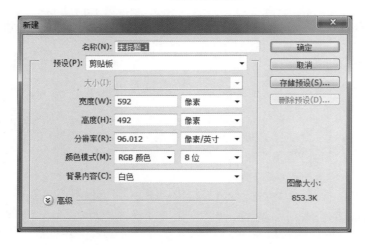

图 1-10 【新建】对话框

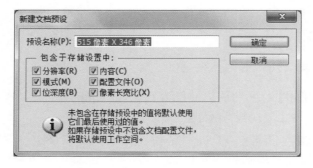

图 1-11 【新建文档预设】对话框

单击【确定】按钮,即可将当前使用的各项设置参数保存,在下次创建相同类型的文档时,可在【新建】对话框的【预设】下拉列表框中找到该预设选项,直接用来完成文档的创建。

1.3.3　图像大小的改变

对图像素材进行加工和处理,有时需要修改图像的大小。选择【图像】→【图像大小】命令,可打开【图像大小】对话框,如图 1-12 所示。调整对话框中的参数的值,可以改变图像文件的大小。

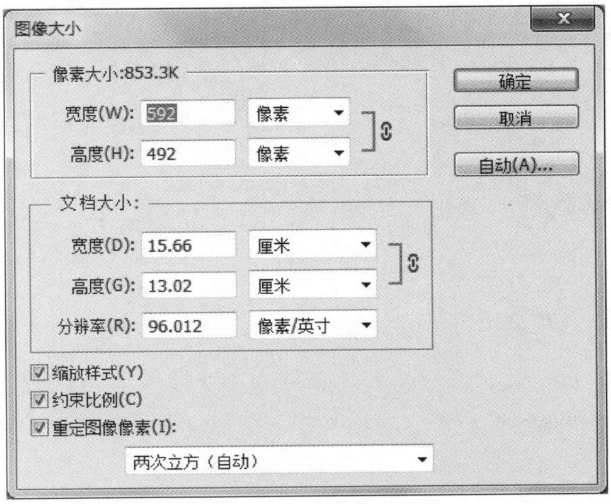

图 1-12　【图像大小】对话框

1. 取消【重定图像像素】复选框的选择,改变图像显示大小

若取消【重定图像像素】复选框的选择,改变【高度】、【宽度】或【分辨率】中的任意一个值,均可改变图像的大小。这里,如果改变【分辨率】的值,实际上是改变了图像中像素的密度,从而达到改变图像大小的目的。也就是说,如果此时缩小图像分辨率,图像尺寸就会增加,反之则反。如果直接缩小图像尺寸,即减小【宽度】或【高度】的值,图像的分辨率会增加;而如果增大图像的尺寸,分辨率反而会降低。

上面提到的所有操作都只会改变图像的大小,并不会改变图像文件的大小。图 1-13 所示为将【宽度】值加倍后的【图像大小】对话框,与图 1-12 比较后可以发现,其中【分辨率】的值自动缩小了,而【像素大小】值却没有变,还是 853.3K。

2. 勾选【重定图像像素】复选框,改变图像显示大小

当需要直接改变图像大小时,可在【图像大小】对话框中勾选【重定图像像素】复选框,选择合适的插值算法,然后输入新的【宽度】和【高度】值即可。这里,在改变图像大小的同时,由于没有改变分辨率的值,像素总数会随着图像的大小而改变,数据量也会随着图像的增大而增加。

若勾选【约束比例】复选框,则只需修改【宽度】或【高度】中的任一个值,图像的大小就会按照相同的长宽比例改变。

如图 1-14 所示,勾选【重定图像像素】复选框和【约束比例】复选框后,将图 1-13 所示的图像的【高度】值加倍。从图中可以看到,图像分辨率没有改变,但图像数据量增大了,同时图像的宽度和高度的比将保持原来的值。

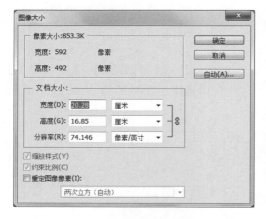
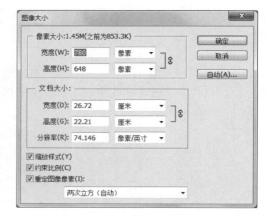

图 1-13   更改文档【宽度】值后的【图像大小】
　　　　　对话框中的各参数的值

图 1-14   在【图像大小】对话框中增加
　　　　　图像的高度

1.3.4   控制图像的显示

在对图像进行编辑时,为了能够进行准确的修改,常需要将图像在文档窗口中进行放大或缩小。下面介绍调整图像显示大小的方法。

1. 放大图像

要放大或缩小图像的显示尺寸,可使用工具箱中的【缩放工具】🔍。打开需处理的图像文件,在工具箱中选择【缩放工具】🔍,在图像上单击,即可将图像放大。

2. 缩小图像

选择工具箱中的【缩放工具】🔍,按住 Alt 键并在图像上单击,可缩小图像。

专家点拨:按 Ctrl＋＋键可以放大图像,按 Ctrl＋－键可以缩小图像。要实现将图像放大或缩小任意比例,可在文档窗口的【图像缩放比例】文本框中输入相应的数值,或者在【导航器】面板的文本框内输入相应的数值,抑或使用【导航器】面板的滑块调整图像显示大小。

3. 移动图像

在图像放大后,往往需要查看放大的图像中的某个局部细节。如果在文档窗口中出现了垂直滚动条或水平滚动条,可直接拖动滚动条来改变图像在文档窗口中显示的位置。此时,也可以选择工具箱中的【抓手工具】✋,将光标置于图像上,同时按住鼠标左键移动鼠标,即可实现图像在文档窗口中的任意移动。

4. 利用【导航器】面板控制图像的显示

利用【导航器】面板中的文本框及滑块可以调整图像的显示比例。利用鼠标在【导航器】面板预览图中位置的改变可以对放大的图像进行移动,以改变图像在文档窗口的显示范围。

1.3.5   文件的保存

图像文件经过编辑后,需要进行保存。在保存图像文件时,Photoshop 允许根据图像的不同需要,将文件保存为相应的文件格式。

1. 保存已存在的文件

对于已经在磁盘上保存过的图像文件,直接选择【文件】→【存储】命令,文件将以原名称和原位置直接保存。如果是第一次保存,Photoshop 会给出【存储为】对话框,给出文件名和保存路径即可实现文件的保存。

2.【存储为】命令的使用

选择【文件】→【存储为】命令,可打开【存储为】对话框。使用该对话框可更换当前文件的文件名称及保存位置,并可以更改文件格式,将文件保存为其他格式的文件。

存储文件时,在【存储为】对话框中选择文件保存的位置和格式,输入保存文件的文件名,如图 1-15 所示,完成相应的参数设置后单击【保存】按钮,即可完成当前图像文件的保存。

图 1-15 【存储为】对话框

在【存储为】对话框中,还可以设置各种文件存储选项。

- 【作为副本】复选框:用于存储文件副本,同时使当前文件在桌面上保持打开。
- 【Alpha 通道】复选框:选择该复选框,可将 Alpha 通道信息与图像一起存储。取消该复选框的选择可将 Alpha 通道从存储的图像中删除。
- 【图层】复选框:选择该复选框,将保留图像中的所有图层。取消该复选框的选择或使其处于不可选状态,则会拼合或合并所有可见图层,具体取决于所选格式。

- 【注释】复选框：用于存储图像的注释。
- 【专色】复选框：选择该复选框，可将专色通道信息与图像一起存储。取消该复选框的选择，则会从存储的图像中移去专色。
- 【使用校样设置】复选框：选择该复选框，可将文件的颜色转换为色彩描述的文件空间，在创建用于打印的输出文件时有用。此选项在将文件保存格式设置为 EPS、PDF、DCS 1.0 和 DCS 2.0 格式时，为可选状态。
- 【ICC 配置文件】复选框：用于保存嵌入文件的 ICC 配置文件。
- 【缩览图】复选框：用于存储图像文件创建的缩览图数据，以后再打开此文件时，可在对话框中预览图像。
- 【使用小写扩展名】复选框：选择该复选框，可将文件的扩展名设置为小写。

1.4　本　章　小　结

本章介绍了 Photoshop CS6 程序界面的构成，并介绍了对 Photoshop CS6 软件操作环境设置的一般方法，重点介绍了优化程序运行的内存及暂存盘的设置原则。同时，本章对 Photoshop CS6 图像文件操作的一般常识进行了介绍，其中包括图像文件大小调整，图像文件显示大小的改变，图像文件的打开、新建和保存的方法。通过本章的学习，能够使读者对 Photoshop CS6 有一个基本的了解，为后面进一步深入学习打下基础。

1.5　本　章　习　题

一、填空题

1. 平面设计是一种通过二维平面的_____和_____的组合来获得各种视觉效果的过程。

2. Photoshop 是一款主要用于_____文件处理的设计软件，具有基本的绘画功能、强大的对象选取能力，能够对图像文件进行整体或局部修整和变形，能够方便地对图像的色彩和色调进行调整。

3. 使用 Photoshop 可以灵活转换各种颜色模式，包括灰度模式、CMYK 颜色模式、索引颜色模式和常见的_____颜色模式等。

4. 使用 Photoshop 时如果打开的文档较多，使用_____键，可以按打开文档的先后顺序从前向后进行切换；按_____键，可以按文档的打开顺序从后向前切换。

二、选择题

1. 使用工具箱中的哪个工具能够对图像进行缩放操作？（　　　）

A. ![图标]　　　　B. ![图标]　　　　C. ![图标]　　　　D. ![图标]

2. 使用 ![图标] 工具时，按（　　）键可以实现放大和缩小的转换。

A. Ctrl　　　　B. Alt　　　　C. Shift　　　　D. Tab

3. 放大文档窗口的图像可以使用（　　）＋＋键完成。

A. Ctrl　　　　B. Alt　　　　C. Shift　　　　D. Tab

1.6　上机练习

练习 1　创建新的图像文件

创建一个名为"练习1",宽为 1024 像素,高为 768 像素,背景透明的图像文件。

以下是主要制作步骤提示。

(1) 选择【文件】→【新建】命令,打开【新建】对话框。

(2) 在【名称】文本框中输入文件名。将【宽度】和【高度】单位改为【像素】,同时在【宽度】、【高度】文本框中输入文件宽度和高度值。

(3) 在【背景内容】下拉列表框中选择【透明】选项。

(4) 完成设置后单击【确定】按钮创建文件。

练习 2　更改图像文件的大小

打开素材文件夹 part1 中的图片,应用所学知识将图片大小更改为 800×500 像素。

以下是主要制作步骤提示。

(1) 启动 Photoshop CS6,打开素材图片。

(2) 选择【图像】→【图像大小】命令,打开【图像大小】对话框。在对话框中取消【约束比例】复选框的选择。

(3) 在【像素大小】选项组中更改【宽度】和【高度】单位为【像素】,在【宽度】和【高度】文本框中输入数值。

(4) 单击【确定】按钮,关闭对话框,完成图片大小的修改。

练习 3　更改图像在文档窗口的显示大小

更改素材文件夹 part1 中的图片在文档窗口中的显示大小。

以下是主要制作步骤提示。

更改图片在文档窗口的显示比例一般有下面 4 种方法。

(1) 在文档窗口下方的状态栏中直接输入显示比例。

(2) 在工具箱中选择 工具,在图片上单击。

(3) 使用【导航器】面板。

(4) 使用快捷键。按 Ctrl＋＋键放大图片,按 Ctrl＋－键缩小图片。

第 2 章

对象的选取

作品的创作、图像的处理往往需要获得图像中的对象或图像中的某个区域。在 Photoshop 中,图像区域的选择和编辑是一项基本的工作。大部分的图像处理工作都是针对图像的某个局部来进行的。因此,能否准确地获得需要的对象将直接影响到图像处理的质量。Photoshop 为创建对象选区提供了多种工具,包括选框工具、套索工具和魔棒工具等,同时还为选区编辑提供了多种命令。本章将介绍使用 Photoshop 创建选区获取对象的方法。

本章介绍 Photoshop 对象的选取,主要包括以下内容。

- 规则选框工具的使用。
- 套索工具的使用。
- 按颜色进行选取。
- 【色彩范围】命令的使用。
- 快速蒙版的使用。
- 【调整边缘】命令的使用。
- 选区的编辑。

2.1 规则选框工具的使用

Photoshop 提供了多种选框工具来绘制规则选框。这里的规则选框指的是规则形状,如矩形和椭圆。使用规则选框工具能够直接在图像中绘制矩形或椭圆这样的规则选区。

2.1.1 规则选框工具简介

工具箱中的选框工具是 Photoshop 的基本选择工具,它们分别是【矩形选框工具】、【椭圆选框工具】、【单行选框工具】和【单列选框工具】,如图 2-1 所示。使用这些工具可以在图像中创建矩形、椭圆和单行或单列选区。

1.【矩形选框工具】

【矩形选框工具】可用于在图像中选取矩形的区域。使用该工具时,首先在工具箱中选择该工具,然后将鼠标指针置于图像上,拖动鼠标,即可创建一个矩形选区。打开素材文件夹 part2 中的"黄花.jpg"文件,使用【矩形选框工具】在图像上创建选区,如图 2-2 所示。

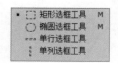

图 2-1 工具箱中的选框工具

专家点拨：使用【矩形选框工具】时，按住 Shift 键拖动鼠标，可以创建一个正方形选区；按住 Alt 键拖动鼠标，可以绘制一个以鼠标指针起始点为中心的矩形。

2.【椭圆选框工具】

在工具箱中选择【椭圆选框工具】，将鼠标指针置于图像中，然后拖动鼠标，即可创建一个椭圆选区，如图 2-3 所示。

图 2-2　创建矩形选区　　　　　　　　　图 2-3　创建椭圆选区

专家点拨：使用【椭圆选框工具】时，按住 Shift 键拖动鼠标，可以获得一个圆形区域；按住 Shift＋Alt 键拖动鼠标，可以绘制一个以鼠标指针起始点为中心的圆形选区。

3.【单行选框工具】和【单列选框工具】

使用【单行选框工具】可在图像中创建一个高为 1 像素的选区，使用【单列选框工具】可在图像中创建一个宽为 1 像素的选区。在工具箱中选择该工具，然后在图像中单击即可创建选区。选择结果如图 2-4 所示。

图 2-4　创建单列选区和单行选区

2.1.2　规则选框工具的参数设置

选择相应的规则选框工具后，使用工具选项栏可对该工具进行参数设置，如图 2-5 所示。其中，选择方式选项组中有 4 个按钮，用来设置创建选区的方式。通过【羽化】选项的参数设置，可以使选区的边缘柔和，产生边缘过渡效果。【样式】下拉列表框用于设定创建的选框的形状样式,其中包含 3 个选项,可以从中选择需要的样式。单击【调整边缘】按钮,会打开图 2-6 所示的对话框。在其他 Photoshop 版本中,调整边缘只是为了使边缘显得更自然,没有别的用途,而 Photoshop CS6 的调整边缘却可以用来抠取图像。

图 2-5　选框工具的选项栏

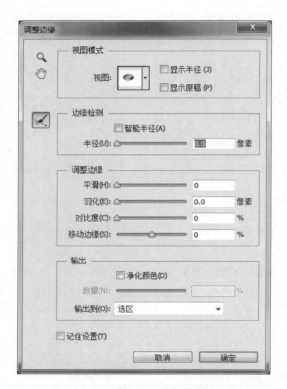

图 2-6　【调整边缘】对话框

2.1.3　规则选框工具应用实例——创建朦胧的意境

1. 实例简介

　　本实例是一个图像特效。在实例制作中,使用选框工具来创建选区,通过填充选区来创建朦胧的效果。通过本实例的制作,读者将了解使用选框工具创建选区的方法,进一步熟悉不同的选择方式在工具使用时所起的作用,同时了解恰当地设置【羽化】值所能带来的特殊效果。

2. 实例操作步骤

　　(1) 启动 Photoshop CS6,打开素材文件夹 part2 中的“黄花.jpg”文件。

　　(2) 在工具箱中选择【矩形选框工具】,在工具选项栏中设置其参数,如图 2-7 所示。

图 2-7　设置工具选项栏参数

（3）在图像上绘制一个矩形选框。拖动选框，将其放置于图像中合适的位置，如图 2-8 所示。由于设置了较大的羽化值，此时的选框不是一个矩形，而是一个圆角矩形。

图 2-8　绘制选框

（4）在工具箱中选择【椭圆选框工具】。单击工具选项栏中的【添加到选区】按钮，保持【羽化】值不变，勾选【消除锯齿】复选框。同时将【样式】设置为【固定比例】，并使用默认的宽度和高度比，如图 2-9 所示。

图 2-9　工具选项栏中的参数设置

🔘**专家点拨：**【椭圆选框工具】可以设置抗锯齿效果。在 Photoshop 中，图像是由像素构成的。像素实际上是一系列正方形的色块。因此，编辑修改弧形图像时，其边缘可能会产生锯齿。勾选【消除锯齿】复选框，可在锯齿间添加中级色调，从而从视觉上消除锯齿现象。

（5）拖动鼠标，在边框的不同位置添加圆形选区，使选框的不同位置有不同的凸起效果，如图 2-10 所示。

（6）在工具选项栏中单击【从选区减去】按钮，同样在边框不同位置拖动鼠标，使选框产生凹陷效果，如图 2-11 所示。

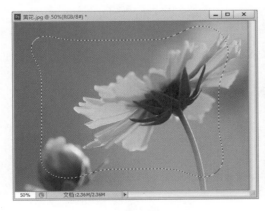

图 2-10　添加圆形选区

图 2-11　选框获得凹陷效果

（7）按 Ctrl＋Shift＋I 键，反选选区，如图 2-12 所示。

（8）按 D 键，将前景色和背景色设置为默认的黑色和白色。按 Delete 键出现提示对话框，如图 2-13 所示。用白色的背景色填充选区，得到朦胧的边框效果，如图 2-14 所示。

图 2-12　反选选区　　　　　　　　　　　图 2-13　【填充】对话框

（9）按 Ctrl＋D 键，取消选区的选择，得到最终效果，如图 2-15 所示。最后保存文件，完成制作。

图 2-14　用白色填充选区　　　　　　　　　图 2-15　实例最终效果

2.2　套索工具的使用

套索工具是一种常用的范围选择工具，利用套索工具可以创建不规则选区，选取任意的不规则对象。下面介绍套索工具的使用。

2.2.1　套索工具简介

Photoshop CS6 中的套索工具包括【套索工具】、【多边形套索工具】和【磁性套索工具】，如图 2-16 所示。

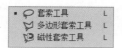

1.【套索工具】

利用【套索工具】可以绘制不规则选框。【套索工具】的使用　　　　图 2-16　套索工具很简单,只需将鼠标指针置于图像中并拖动鼠标,即可选取需要的选区范围。当鼠标指针回到出发点时释放鼠标,即可获得封闭的选区。打开素材文件夹 part2 中的"杯.jpg"文件,使用【套索工具】在图像上创建选区,如图 2-17 所示。

　　专家点拨:使用【套索工具】绘制选框时,如果需要取消选框的绘制,可直接按 Esc 键取消。如果释放鼠标左键时鼠标指针没有回到选区的起点,则 Photoshop 会自动封闭选区。

2.【多边形套索工具】

　　使用【多边形套索工具】能够绘制各种不同形状的多边形选框。选择该工具,在图像中单击确定选区的起点。移动鼠标,跟随鼠标指针的移动轨迹会出现表示选取范围的蚂蚁线。在需要改变选取范围的转折点处单击,添加转折点。回到选框起点处单击,即可获得封闭的选区。打开素材文件夹 part2 中的"球.jpg"文件,使用【多边形套索工具】在图像上创建选区,如图 2-18 所示。

 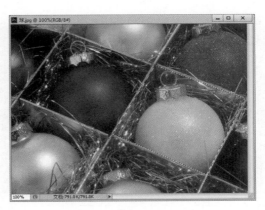

　　　图 2-17　使用【套索工具】获取选区　　　　　　图 2-18　创建多边形选区

　　专家点拨:使用【多边形套索工具】是无法直接获得曲线选区的。要想获得曲线选区,只能通过增加转折点的方法。绘制选框时,如果双击鼠标,将结束选框的绘制,此时Photoshop 将以直线连接起始点和双击点。另外,在建立选区时按 Delete 键,将删除最近绘制的选区线段。

3.【磁性套索工具】

　　【磁性套索工具】是 Photoshop 中的一个重要的创建选区的工具,该工具能够依据图像中颜色的差异来获取选区,能够方便、快捷、准确地选择需要选取的对象。在使用该工具时,在图像中选区的起点单击创建起始点,沿着需选取对象的边界移动鼠标指针,选框线会根据颜色差异自动生成,获得贴近需选择对象的选框线。回到起点后单击,即可完成对象的选取。打开素材文件夹 part2 中的"花朵.jpg"文件,使用【磁性套索工具】创建选区,如图 2-19 所示。

　　专家点拨:移动鼠标时,【磁性套索工具】会根据鼠标指针经过的位置像素的颜色情况自动生成选框,并生成需要的控制点。在移动鼠标过程中单击,能够创建控制点。在选取对象较为复杂、自动生成的选框不够精确时,可通过单击生成更多的锚点来获得更加符合对象边界形状的选框。

图 2-19　使用【磁性套索工具】创建选区

2.2.2　套索工具的参数设置

在工具箱中选择了相应的套索工具后,使用工具选项栏可对该工具进行设置。其中,【套索工具】和【多边形套索工具】的参数设置较为简单,【磁性套索工具】具有更多的参数设置项,如图 2-20 所示。其中,【宽度】用于设置绘制选区时的捕捉范围,【对比度】用于设置图像边线部分的亮度对比度,【频率】用于设置控制点生成的频率。

图 2-20　【磁性套索工具】的工具选项栏

2.2.3　套索工具应用实例——旅行社宣传广告

1. 实例简介

本实例将介绍一个旅行社项目宣传广告的制作过程,属于综合实例。在实例制作过程中,首先使用【磁性套索工具】来获得飞机对象,然后将选取的对象复制到素材图片中。使用【变换工具】调整对象的大小和位置,使用【色相/饱和度】对话框和【高斯模糊】滤镜来创建飞机飞过的阴影效果。

通过本实例的制作,读者将了解【磁性套索工具】的使用方法和操作技巧,了解调整对象大小和位置的一般方法,同时初步了解图层操作的一般知识和【高斯模糊】滤镜的使用方法。

2. 实例操作步骤

(1) 启动 Photoshop CS6,打开素材文件夹 part2 中的"绿叶.jpg"文件。

(2) 在工具箱中选择【横排文字工具】 $\boxed{\text{T}}$,在图像上创建广告文字,如图 2-21 所示。

(3) 打开素材文件夹 part2 中的"客机.jpg"文件。

(4) 在工具箱中选择【磁性套索工具】,然后在工具选项栏中设置工具的参数。其中,将【羽化】值设置为 2 像素,其他参数根据需要进行设置,如图 2-22 所示。

(5) 在图像中的飞机边界处单击,开始框选对象。沿着飞机的边界移动鼠标指针,表示

图 2-21 创建文字

图 2-22 工具选项栏中的参数设置

选取边框的蚂蚁线会自动贴近飞机的轮廓,同时系统会根据工具选项栏中的参数设置自动创建控制点。在飞机轮廓的转折点处单击创建控制点,改变选框线的方向,以实现绘制沿飞机轮廓的选框线。当鼠标指针回到起点位置时,鼠标指针旁会出现"○"标志。此时单击将完成沿飞机轮廓的选框的绘制,获得一个包含整个飞机的闭合选区,如图 2-23 所示。

图 2-23 包含整个飞机的选区

专家点拨：在使用【磁性套索工具】创建选区时，有时 Photoshop 自动创建的选框线不能准确贴近对象的边界，此时可按 Delete 键删除选框线后在关键位置单击创建控制点，然后再移动鼠标。

　　（6）按 Ctrl＋C 键复制选择好的飞机图像。

　　（7）单击【绿叶.jpg】文档窗口的标题栏回到绿叶图像。按 Ctrl＋V 键将飞机粘贴到当前图像。此时，Photoshop 会自动将对象放置在一个新图层中，如图 2-24 所示。

　　（8）按 Ctrl＋T 键，飞机被带有控制柄的变换框包围。通过拖动控制柄调整飞机的大小。旋转飞机并调整飞机的方向。移动飞机，将其放置于图像中需要的位置，如图 2-25 所示。完成调整后，在图像上双击，确认调整。

图 2-24　粘贴对象　　　　　　　　　　　　图 2-25　调整对象的大小和位置

　　（9）在【图层】面板中将飞机所在的图层拖动到【创建新图层】按钮上，复制一个飞机图层。在工具箱中选择【移动工具】，分别移动这两架飞机，调整它们在图像中的相对位置，如图 2-26 所示。

　　（10）在【图层】面板中选择【图层 1 副本】。按 Ctrl＋U 键打开【色相/饱和度】对话框，将【色相】、【饱和度】和【明度】滑块拖到左侧，创建一个黑白图像，如图 2-27 所示。

　　（11）选择【滤镜】→【高斯模糊】命令，打开【高斯模糊】对话框，调整【半径】滑块的位置，创建模糊效果，如图 2-28 所示。

　　（12）单击【确定】按钮，关闭【高斯模糊】对话框，应用滤镜效果，这样就创建了飞机的阴影。使用【移动工具】调整飞机和它的阴影的位置，调整满意后保存文件为需要的格式，完成本实例的制作。本实例的最终效果如图 2-29 所示。

图 2-26　复制并调整飞机位置

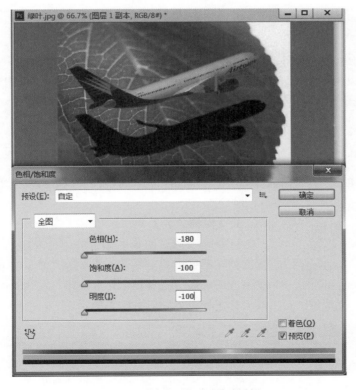

图 2-27　【色相/饱和度】对话框

图 2-28   创建模糊效果   图 2-29   实例的最终效果

2.3   按颜色进行选取

    针对要选取对象的不同特征,Photoshop 提供了多种选择工具。在 Photoshop 中选取对象时,除了可以使用选框工具和套索工具来绘制各种选框外,还可以根据图像颜色的差异来获取选区。按颜色来选取对象,能够克服因选区较为复杂而无法勾画选区的困难,可以方便高效地创建选区,获得对象。

2.3.1   按颜色选取对象的工具简介

    Photoshop 提供了两种根据颜色来创建选区的工具,它们分别是【快速选择工具】和【魔棒工具】,如图 2-30 所示。

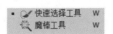

图 2-30   工具箱中的按颜色
选取对象的工具

1.【魔棒工具】

    【魔棒工具】以图像中相近的颜色来建立选择范围。使用该工具在图像上单击后,可以选择图像上与单击点颜色相同或相近的区域。选择【魔棒工具】后,在工具选项栏中可以对该工具进行设置,如图 2-31 所示。

图 2-31   【魔棒工具】的工具选项栏

2.【快速选择工具】

【快速选择工具】也是以图像中的相近颜色来建立选择范围,但其具有画笔工具的特点,能够像画笔一样绘制出选框。使用【快速选择工具】创建选区时,拖动鼠标,鼠标指针经过区域将被确定为选区,也可以通过单击在图像中创建画笔形状的选区。【快速选择工具】是一个兼具【魔棒工具】和【画笔工具】特性的工具。

选择【快速选择工具】后,在工具选项栏中可以对该工具进行设置,如图 2-32 所示。

图 2-32　【快速选择工具】的工具选项栏

与选框工具和不规则选框工具一样,【快速选择工具】在使用前同样需要设定选区的创建方式,这里一共有 3 种方式:【新选区】按钮处于按下状态时,将在图像中创建新选区;【添加到选区】按钮处于按下状态时,将在旧选区的基础上同时创建新的选区;【从选区减去】按钮处于按下状态时,最终的选区将会从旧选区中减去新创建的选区。

单击工具选项栏中【画笔】选项右侧的下三角按钮 ,可打开【画笔】预设框。使用该预设框可以设置画笔的大小、硬度、间距和角度等参数,以确定画笔的形状,如图 2-33 所示。

图 2-33　【画笔】预设框

2.3.2　按颜色选取对象的工具应用实例——花与杯

1. 实例简介

本实例将创建黑白图像中的彩色效果。在实例制作过程中,首先使用【魔棒工具】和【快速选择工具】来选取图像中的花朵,反选选区后获得除花朵外的背景选区。通过将背景选区设置为黑白背景,获得本例需要的效果。

通过本例的制作,读者将熟悉【魔棒工具】和【快速选择工具】在获取对象选区时的使用方法和技巧。

2. 实例操作步骤

(1) 启动 Photoshop CS6,打开素材文件夹 part2 中的"花与杯.jpg"文件。

(2) 在工具箱中选择【魔棒工具】。在工具选项栏中单击【添加到选区】按钮,设置选择方式。在工具选项栏中将【容差】值设置为 30,同时勾选【消除锯齿】复选框和【连续】复选框,如图 2-34 所示。

图 2-34　工具选项栏的设置

（3）在图像中花朵的花瓣上单击,此时【魔棒工具】会根据设置的容差选择颜色相近的区域,如图 2-35 所示。

（4）使用【魔棒工具】在没有选择的花瓣上单击,创建更多的选区,如图 2-36 所示。

图 2-35　单击获得选区　　　　　　　　　图 2-36　单击创建更多的选区

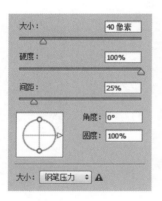

图 2-37　设置【大小】

（5）在工具箱中选择【快速选择工具】。在工具选项栏中单击【添加到选区】按钮设置选择方式,打开【画笔】预设框,设置画笔的大小。这里将【大小】设置为 40 像素,如图 2-37 所示。

（6）使用【快速选择工具】在花中没有被选取的位置单击,继续添加新选区,如图 2-38 所示。

（7）将图像放大,修改选框的边界;然后在工具选项栏中单击【从选区减去】按钮,去掉不需要的部分,获得较为精确的选区,如图 2-39 所示。

（8）按 Ctrl+Shift+I 键,反选选区,获得除去花朵之外的背景区域。按 Ctrl+U 键,打开【色相/饱和度】对话框。调整【色相】和【饱和度】滑块的位置,将除花朵外的背景转换为黑白色,如图 2-40 所示。调整之后的效果如图 2-41 所示。

（9）按 Ctrl+D 键,取消选区的选择。最终效果如图 2-42 所示。

图 2-38　添加新的选区　　　　　　　　　图 2-39　获得精确的选区

图 2-40　调整色相和饱和度

图 2-41　转换背景颜色

图 2-42　实例的最终效果

2.4　【色彩范围】命令的使用

　　利用【魔棒工具】能够获得相似颜色的图像，但该工具在使用中不够灵活。Photoshop 提供了另一种范围选择方式，那就是特定颜色范围的选择。该方法可以在根据颜色创建选区的基础上指定其他颜色来增加或减少选区。

2.4.1　【色彩范围】命令简介

　　选择【选择】→【色彩范围】命令，可打开【色彩范围】对话框，如图 2-43 所示。使用该对话框可以直接进行颜色范围的选取，获得包含某些颜色范围的选区。这里，【选择】下拉列表框用于设置创建选区的方法。通过设置【颜色容差】的值，可设置选择的颜色范围。对话框中的【吸管工具】用于在文档窗口中拾取颜色。

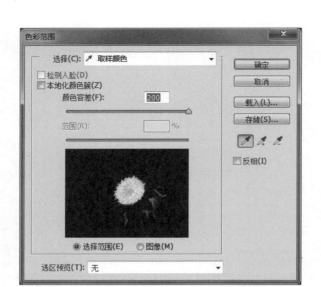

图 2-43 【色彩范围】对话框

2.4.2 【色彩范围】命令应用实例——图像的颗粒化效果

1. 实例简介

本实例是一个图像颗粒化效果。在实例制作过程中,使用【颜色范围】命令创建色彩范围。本命令用于创建包含相似颜色的选区。通过在选区中填充背景色,可以增强颗粒化效果。通过本实例的制作,读者将掌握使用【色彩范围】命令来获取选区的技巧。

2. 实例操作步骤

(1) 启动 Photoshop CS6,打开素材文件夹 part2 中的"向日葵.jpg"文件。

(2) 选择【选择】→【色彩范围】命令,打开【色彩范围】对话框,如图 2-44 所示。

图 2-44 【色彩范围】对话框

（3）选择【吸管工具】在文档窗口中图像的背景处单击以拾取颜色。此时,在预览框中能够看到以灰度模式显示的选区情况,如图 2-45 所示。

图 2-45　以灰度模式显示的选区

（4）拖动【颜色容差】滑块,选择区域内的白色范围也会随之改变,如图 2-46 所示。

图 2-46　拖动【颜色容差】滑块

（5）单击【添加到取样】按钮 ，在图像背景中残存的黑色区域单击,将其添加到选区中,使预览框中的背景色变为纯白,如图 2-47 所示。

　　专家点拨：按住 Alt 键,【色彩范围】对话框中的【取消】按钮将变为【复位】按钮,单击该按钮可将所有设置恢复到初始状态。

（6）单击【确定】按钮,关闭【色彩范围】对话框。在文档窗口中可以看到创建的选区,如图 2-48 所示。

（7）按 D 键将背景色设置为默认的白色,按 Delete 键以背景色填充,图像背景将变为白色,如图 2-49 所示。

图 2-47　添加选区

图 2-48　创建选区

图 2-49　以背景色填充

（8）按 Ctrl＋D 键，取消选区的选择，保存文件，如图 2-50 所示。

图 2-50　本实例的最终效果

2.5　快速蒙版的使用

使用快速蒙版能够创建复杂的选区,同时允许用户在不使用通道的情况下对创建的选区进行编辑。本节将对快速蒙版的使用进行介绍。

2.5.1　了解快速蒙版

Photoshop 的快速蒙版模式可以对任意已存在的选区进行编辑,而无须使用【通道】面板。其优势在于,可以使用 Photoshop 的工具或滤镜等来对选区进行操作,以创建更为复杂多样的选区。例如,当创建了一个矩形选区后,可以使用【画笔工具】来扩张或收缩这个选区,甚至可以使用滤镜来扭曲选区的边缘。所有的这些操作都不会直接作用于图像,即蒙版下的图像得到了保护。

打开素材文件夹 part2 中的“白花.jpg”文件,创建一个矩形选区,在工具箱中单击【以快速蒙版模式编辑】按钮,进入快速蒙版状态。在默认情况下,未被选中的区域将以红色覆盖,并具有 50％的透明度,而图像中原有的选择区域将保持原状。在【通道】面板中会出现一个临时的“快速蒙版”通道,如图 2-51 所示。在结束快速蒙版状态后,该通道将被删除,并在图像中生成选区。

双击工具箱中的【以快速蒙版模式编辑】按钮,可打开【快速蒙版选项】对话框,如图 2-52 所示。使用该对话框能够对快速蒙版显示的颜色、透明度以及色彩指示的区域进行设置。

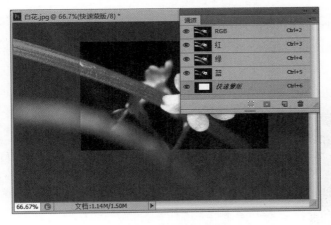
图 2-51　【通道】面板中的“快速蒙版”通道

图 2-52　【快速蒙版选项】对话框

2.5.2　快速蒙版应用实例——落在杯子上的蝴蝶

1. 实例简介

本实例将为素材图片添加落在杯子上的蝴蝶效果。在实例制作过程中,将在快速蒙版模式下使用【画笔工具】来创建选区。在标准编辑模式下获得包含蝴蝶的选区,并使用对象复制的方式将蝴蝶对象复制到包含杯子的图片中。

通过本实例的制作,读者将熟悉使用快速蒙版来获取选区的方法,掌握具体的操作技巧。同时,读者还能进一步掌握对象复制的方法。

2. 实例操作步骤

(1) 启动 Photoshop CS6,打开素材文件夹 part2 中的"杯.jpg"文件。

(2) 打开素材文件夹 part2 中的"蝴蝶.jpg"文件。

(3) 使蝴蝶素材图片处于当前可编辑状态。单击工具箱中的【以快速蒙版模式编辑】按钮 ,进入快速蒙版模式。在工具箱中选择【画笔工具】。然后在工具选项栏中设置画笔的笔头,再在图像中的蝴蝶上用画笔涂抹。此时系统默认的前景色为黑色,即使用黑色在快速蒙版上涂抹。此时涂抹的部位将被半透明的红色遮盖,如图 2-53 所示。

(4) 按 Ctrl+十键放大图像。按 [键缩小画笔笔头,使用缩小的画笔对蝴蝶身体的细部进行涂抹,使红色的遮盖色准确地盖住蝴蝶身体的各个部分,如图 2-54 所示。

图 2-53　涂抹蝴蝶身体

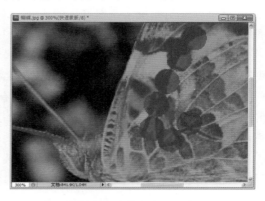

图 2-54　涂抹蝴蝶的细部

(5) 使用【橡皮擦工具】并调整橡皮擦的大小,将多余的红色擦除,如有缺少部分用画笔重新涂抹,得到蝴蝶的精确选区。或者,按 X 键将前景色变为白色,抹掉蝴蝶身体外不小心涂抹上的红色,如图 2-55 所示。

图 2-55　用红色覆盖蝴蝶

专家点拨:在使用快速蒙版创建选区时,使用白色绘制的区域是选择区域,可将蒙版中的红色去掉。使用黑色绘制的为非选择区域,蒙版中的红色叠加区域实际上是非选择区域。在快速蒙版中,使用灰度来创建半透明区域,这些区域能够达到羽化和消除锯齿的作用。

(6) 在工具箱中单击【以标准模式编辑】按钮 ,退出快速蒙版模式,便可在文档窗口中获得选区。按 Ctrl+Shift+I 键,反选选区,获得包含蝴蝶的选区,如图 2-56 所示。

(7) 按 Ctrl+C 键复制被选择的蝴蝶,切换到【杯.jpg】文档窗口。按 Ctrl+V 键,粘贴蝴蝶到该图像中。调整复制对象的方向、大小和位置,然后保存文件。最终效果如图 2-57 所示。

图 2-56　蝴蝶选区

图 2-57　实例的最终效果

2.6　【调整边缘】命令的使用

从 Photoshop 7 开始,在【滤镜】菜单中出现了一个名为【抽出】的滤镜。该滤镜的作用是,将复杂对象从背景中抽取出来。但是,在 Photoshop CS6 中,【滤镜】菜单中不再有【抽出】滤镜,而是增强了【调整边缘】命令的使用。

专家点拨:【抽出】增效工具不适用于 Mac OS,因为它与最新版本的操作系统不兼容。此外,【调整边缘】命令可以产生更好的抽出效果。

2.6.1　【调整边缘】命令简介

为了得到更有效、更灵活的抽取对象的方法,在 Photoshop CS6 中增强了【调整边缘】命令的使用。【调整边缘】命令对于高度复杂的边缘内容(例如细微的头发)特别有效。它与早期的【抽出】增效工具的不同之处在于,【抽出】会永远消除像素数据,而【调整边缘】命令则会创建选区蒙版,以便之后可以进行调整和微调。

使用【调整边缘】命令时,需要先使用选择工具得到所选择图像的初始选区。一般使用【快速选择工具】,然后在工具选项栏中单击【调整边缘】按钮,或者使用【选择】菜单中的【调整边缘】命令。如果选择的对象位于背景图层,背景图层在抽出后将变成普通图层。如果图层包含选区,则抽出功能只抹除选中区域的背景。

专家点拨:要避免丢失原来的图像信息,请复制图层或制作原图像状态的快照。

2.6.2　【调整边缘】命令应用实例——*动物星球*

1. 实例简介

本实例将介绍使用【调整边缘】命令来获取对象的方法。在本实例制作过程中,先使用【快速选择工具】选取初始对象,然后使用【调整边缘】命令来获取对象,将取出的对象复制到素材图片中,同时使用【高斯模糊】滤镜来创建阴影效果。

通过本实例的制作,读者将熟悉使用【调整边缘】命令抠取对象的方法,掌握【调整边缘】命令中各种工具的使用方法,能够精确获取对象。

2. 实例操作步骤

(1)启动 Photoshop CS6,打开素材文件夹 part2 中的"狗.jpg"文件。

(2)使用【快速选择工具】沿着狗的内侧边缘选取初始操作区域,如图 2-58 所示。

(3)选择【选择】→【调整边缘】命令,或单击工具选项栏中的【调整边缘】按钮,打开【调整边缘】对话框,如图 2-59 所示。

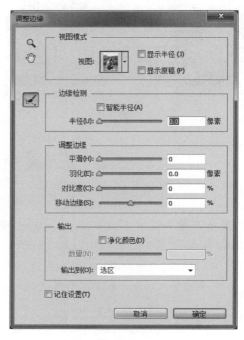

图 2-58　选取狗的初始区域　　　　　　图 2-59　【调整边缘】对话框

(4)单击【视图】右侧的下三角按钮,打开视图模式列表,如图 2-60 所示。

(5)根据需要选择视图模式,本例选择【背景图层】视图,如图 2-61 所示。

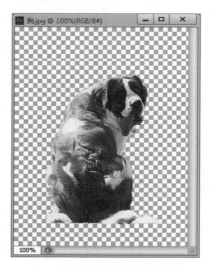

图 2-60　视图模式　　　　　　　　图 2-61　选择【背景图层】视图

专家点拨：使用【调整边缘】命令时，如果选区有不合适的位置，可以使用【抹除调整工具】，恢复原始边缘并加以调整，工具如图 2-62 所示。

（6）调整好边缘后，可以选择输出位置，本例选择【新建图层】，如图 2-63 所示。

图 2-62　调整边缘工具

图 2-63　选择输出位置

（7）完成对象边界的修补后，单击【确定】按钮，如图 2-64 所示。此时【图层】面板显示的内容如图 2-65 所示。

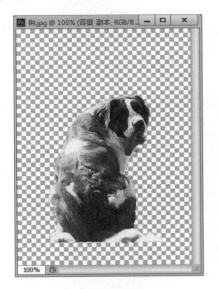

图 2-64　使用【调整边缘】命令后的效果

图 2-65　【图层】面板

（8）按 Ctrl＋A 键全选图像所有区域，按 Ctrl＋C 键复制选区。打开一张地球素材图片，按 Ctrl＋V 键将刚才复制的对象粘贴到当前图像中，调整对象大小和位置，如图 2-66 所示。

（9）在【图层】面板中选择【背景】图层。在【工具箱】中选择【椭圆选框工具】。在工具选项栏中将【羽化】值设置为 10。在【背景】图层中绘制一个椭圆选区，并用黑色填充选区，如图 2-67 所示。

（10）按 Ctrl＋D 键取消选区的选择。选择【滤镜】→【模糊】→【高斯模糊】命令，打开【高斯模糊】对话框。在对话框中设置【半径】的值，如图 2-68 所示。

（11）单击【确定】按钮，应用滤镜效果。为图像添加说明文字，并设置文字效果。将文件保存为需要的格式后，完成本实例的制作。本实例的最终效果如图 2-69 所示。

图 2-66　粘贴对象

图 2-67　绘制并填充选区

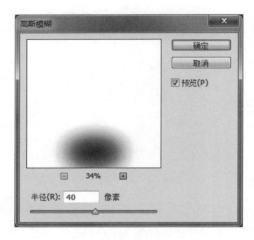

图 2-68　设置【半径】值

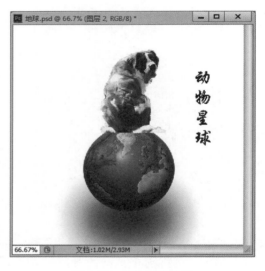

图 2-69　实例最终效果

2.7　选区的编辑

　　获得选区后，可以对选区进行必要的修改和编辑，包括对选区进行羽化、增加或删除选区、保存和载入选区等操作。

2.7.1　【选择】菜单命令和选区的修改

　　在菜单栏中打开【选择】菜单，可以看到与选区的修改和编辑有关的菜单命令。在创建选区后，选择该菜单中的菜单命令能够对选区进行各种方式的编辑和修改。

其中的【修改】子菜单如图 2-70 所示。

1.【边界】命令

该命令可将选框变为带状边框。选择【选择】→【修改】→【边界】命令,将打开【边界选区】对话框。在对话框的【宽度】文本框中输入边界的宽度值,如图 2-71 所示。单击【确定】按钮,选区将变为带状。

图 2-70　【修改】子菜单　　　　　　　　图 2-71　【边界选区】对话框

2.【平滑】命令

该命令能通过向选区边缘增减像素来改变边缘的粗糙程度,以达到平滑的效果。此命令常用来修正【魔棒工具】创建的选区。选择【选择】→【修改】→【平滑】命令,打开【平滑选区】对话框。在【取样半径】文本框中输入取样半径的值,如图 2-72 所示。单击【确定】按钮,平滑选区,选区变得不再轮廓分明。

3.【扩展】命令

该命令能够将选区向外扩展指定的像素。选择【选择】→【修改】→【扩展】命令,打开【扩展选区】对话框。在【扩展量】文本框中输入向外扩展的值,如图 2-73 所示。单击【确定】按钮,关闭对话框,选区将按设定的值向外扩展。

图 2-72　【平滑选区】对话框　　　　　　图 2-73　【扩展选区】对话框

4.【收缩】命令

该命令与【扩展】命令正好相反,使用该命令可将选区向内收缩指定量。选择【选择】→【修改】→【收缩】命令,打开【收缩选区】对话框。在【收缩量】文本框中输入选区需收缩的值,如图 2-74 所示。单击【确定】按钮,关闭对话框,选区将按设定的值向内收缩。

5.【羽化】命令

对选区使用该命令可以改变选区的羽化值,以改变选区边缘的模糊效果。选择【选择】→【修改】→【羽化】命令,打开【羽化选区】对话框。在【羽化半径】文本框中输入羽化值,如图 2-75 所示。单击【确定】按钮,关闭对话框,选区边缘的模糊效果将发生改变。

图 2-74　【收缩选区】对话框　　　　　　图 2-75　【羽化选区】对话框

2.7.2 选区的保存和载入

在处理图像时,有时需要使用多个不同的选区。但一般情况下,创建一个选区后,前一个不同的选区将会消失。这时,可以采用保存选区的方法保存当前选区,在需要该选区时再将其载入。

1. 选区的保存

打开素材文件夹 part2 中的"白花.jpg"文件。创建白花选区后,选择【选择】→【存储选区】命令。此时,可打开【存储选区】对话框,如图 2-76 所示。保存选区时,在【文档】下拉列表框中选择存储选区的文档,在【通道】下拉列表框中选择选区存储的通道。在【操作】选项组中单击相应的单选按钮,设置选区存储的方式。

图 2-76 【存储选区】对话框

专家点拨:这里,【名称】文本框只有在【通道】下拉列表框中选择了【新建】选项时才可用,它用于设置新建通道的名称。当选择【替换通道】时,当前选区将替换原有的选区。选择【添加到通道】,可将当前通道添加到目标通道的已有选区中。选择【从通道中减去】,则将从目标通道的现有选区中减去当前选区。选择【与通道交叉】,可将当前选区与目标选区中的交叉区域作为选区保存。

2. 选区的载入

选择【选择】→【载入选区】命令,可载入已有的选区。使用【载入选区】命令后,可打开【载入选区】对话框,如图 2-77 所示。该对话框中各选项的作用与【存储选区】对话框中对应选项的作用一致,这里不再赘述。

图 2-77 【载入选区】对话框

专家点拨：这里要注意，在【载入选区】对话框中，如果勾选【反相】复选框，则在选区载入时选区会取反。另外，图 2-77 显示的【载入选区】对话框是在图像中已存在一个选区时的对话框。如果选区中没有创建任何选区，在对话框的【操作】选项组中，将只有【新建选区】这一项可用。

2.7.3 选区操作的应用实例——用选区制作徽标

1. 实例简介

本实例将介绍一个徽标的制作方法。在实例的制作过程中，通过选区相交与相减得到标志选区并填充颜色。通过本实例的制作，读者将进一步熟悉不同选择方式的使用技巧，掌握选区的存储和载入方法。

2. 实例操作步骤

（1）启动 Photoshop CS6，按 Ctrl＋N 键，打开【新建】对话框。在对话框的【名称】文本框中输入文档的名称，设置文档的【宽度】和【高度】的值，并将【背景内容】设置为【白色】，如图 2-78 所示。完成设置后，单击【确定】按钮，创建一个新文档。

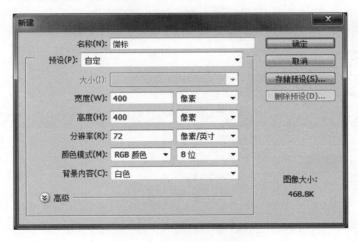

图 2-78 【新建】对话框

（2）选择【视图】→【显示】→【网格】命令，在文档窗口中显示网格。

（3）在工具箱中选择【椭圆选框工具】，在工具选项栏中设置其参数，如图 2-79 所示。

图 2-79 【椭圆选框工具】的设置

（4）使用【椭圆选框工具】在文档窗口中创建一个圆形选区，如图 2-80 所示。

（5）在工具箱中选择【矩形选框工具】，然后在工具选项栏中单击【与选区交叉】按钮。在文档窗口中拖动矩形选区，使其与圆形选区交叉。释放鼠标，可获得一个半圆选区，如图 2-81 所示。

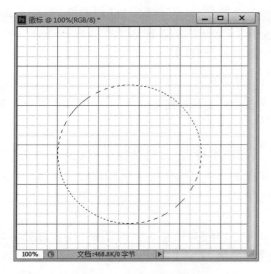

图 2-80 创建圆形选区

图 2-81 矩形选区与圆形选区交叉

（6）再次选择【椭圆选框工具】，设置其参数【宽度】、【高度】均为 200 像素。

（7）使用【椭圆选框工具】再次创建一个圆形选区，从刚才创建的半圆选区中减去新选区，如图 2-82 所示。

（8）释放鼠标后，获得的选区如图 2-83 所示。

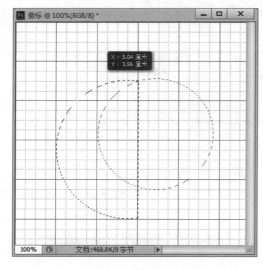

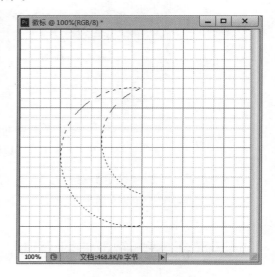

图 2-82 获得新选区

图 2-83 标志选区

（9）选择【选择】→【存储选区】命令，打开【存储选区】对话框。在【名称】文本框中输入选区名称为"标志"，如图 2-84 所示。单击【确定】按钮保存当前选区。

（10）新建一正方形选区，大小为 300 像素×300 像素，如图 2-85 所示。

（11）选择【选择】→【载入选区】命令，打开【载入选区】对话框。在【通道】下拉列表框中选择【标志】选项，并单击【从选区中减去】单选按钮，如图 2-86 所示。

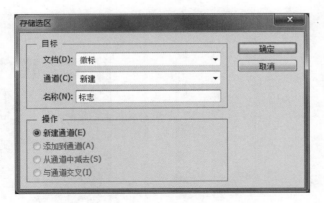

图 2-84　保存选区

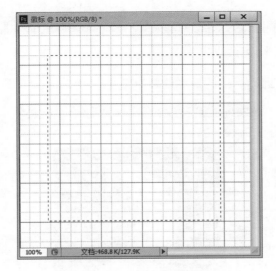

图 2-85　正方形选区

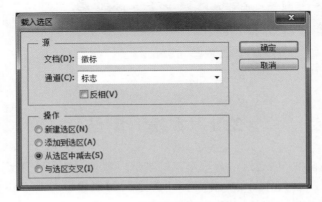

图 2-86　【载入选区】对话框

（12）载入选区后的结果如图 2-87 所示。

（13）新建一图层，并填充颜色，如图 2-88 所示。

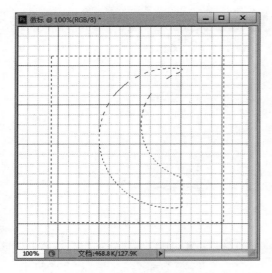

图 2-87　载入选区后的结果

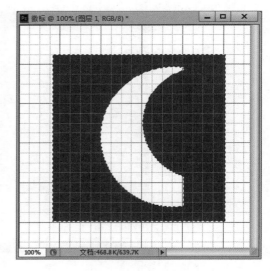

图 2-88　填充颜色

（14）取消选区的选择，标志的最终效果如图 2-89 所示。

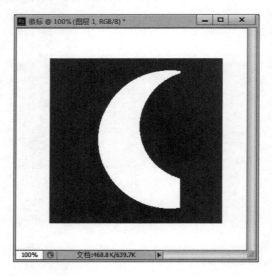

图 2-89　标志

2.8　本章小结

　　本章学习了在作品中创建选区获取对象的方法。获取对象是使用 Photoshop CS6 一项必备的技能。可以说，任何作品的制作都离不开选区的创建。在 Photoshop CS6 中获取对象的方法很多，根据选取范围的不同，可以使用各种不同的工具，还可以使用【颜色范围】命令、快速蒙版或【调整边缘】命令。本章对这些常用创建选区的方法进行了介绍，同时也介绍了对选区进行编辑、修改的方法和技巧。

Photoshop 中获取对象的方法很多，例如，还可以使用通道和路径笔等。这些将在后面的学习中进一步进行介绍。

2.9　本 章 习 题

一、填空题

1. 使用【套索工具】绘制选框时，如果需要取消选框的绘制，可直接按_____键取消。

2. 【磁性套索工具】是 Photoshop 中的一个重要的创建选区的工具，该工具是依据图像中_____的差异来获取选区的，能够方便、快捷、准确地选择需要选取的对象。在使用该工具时，在图像中选区的起点单击创建_____，沿着需选取对象的边界移动鼠标指针，选框线会根据颜色差异自动生成，获得贴近需选择对象的_____。回到起点后单击，即可完成对象的选取。

3. 【魔棒工具】的工具选项栏中有【容差】文本框，该文本框用于设置选择颜色的_____。文本框中的容差值越大，选取的色彩范围就_____。文本框中可输入_____间的数值。

4. 在工具箱中单击_____按钮，可进入快速蒙版状态。在默认情况下，未被选中的区域_____覆盖，并具有_____，图像中原有的选择区域_____。

二、选择题

1. 选取正方形区域应该使用什么工具？（　　　）

　　A. 【矩形选框工具】　　　　　　　　　B. 【椭圆选框工具】

　　C. 【多边形套索工具】　　　　　　　　D. 【魔棒工具】

2. 要取消当前选区的选择，应该使用哪个快捷键？（　　　）

　　A. Shift＋D 键　　　　　　　　　　　B. Ctrl＋A 键

　　C. Ctrl＋D 键　　　　　　　　　　　D. Ctrl＋E 键

3. 为了在原有的选区上添加一个圆形选区，【椭圆选框工具】应该选择下面的哪种选择方式？（　　　）

　　A. ▢　　　　　B. ▢　　　　　C. ▢　　　　　D. ▢

4. 使用【磁性套索工具】时，在工具选项栏中设置下面哪个选项的参数值能够改变自动生成的控制点的速度？（　　　）

　　A. 宽度　　　　　B. 羽化　　　　　C. 边对比度　　　　　D. 频率

5. 使用【选择】菜单的【修改】子菜单命令可以对选区进行修改。下面哪个命令可以扩大选区的范围？（　　　）

　　A. 羽化　　　　　B. 边界　　　　　C. 扩展　　　　　D. 平滑

2.10　上 机 练 习

练习 1　绘制图形

图 2-90 所示为使用选择工具绘制的图形，请使用工具完成这些图形。

图 2-90　绘制图形

以下是主要制作步骤提示。

(1) 将图形分解为基本图形,如圆形、正方形、三角形等。

(2) 使用选框工具绘制形状选区,利用选区的加、减运算来组合需要的图形选区。

(3) 完成选区后填充颜色。

练习 2　多种选择方法的使用

打开素材文件夹 part2 中的"练习 2 素材图片.jpg"文件,如图 2-91 所示。使用多种方法获得图中的叶片。

图 2-91　需处理的素材图片

以下是主要制作步骤提示。

由于叶片和背景的区别比较明显,本例获取对象的方法可以有很多。

(1) 使用【磁性套索工具】沿叶片边缘绘制选框。

(2) 使用【快速选择工具】在背景区域反复单击获取背景选区。获取选区时,可根据需要选择【添加到选区】方式或【从选区中减去】方式。完成背景选择后,将选区取反即可。

(3) 使用【色彩范围】命令,选取绿色区域作为选区。

练习 3　【调整边缘】命令的使用

使用【调整边缘】命令,获取素材文件夹 part2 中的"练习 3 素材图片.jpg"文件中跳跃的小猫,如图 2-92 所示。

以下是主要制作步骤提示。

(1) 对于多毛发的动物的获取,使用【调整边缘】命令是一个简单的方法。

图 2-92 获取图像中的小猫

（2）先使用【快速选择工具】得到初始选区，再使用【调整边缘】命令即可。

练习 4 徽标的制作

使用选区工具绘制徽标，如图 2-93 所示。

图 2-93 绘制徽标

以下是主要制作步骤提示。

（1）制作左侧矩形。创建矩形选区，使用【变换选区】命令旋转选区，然后填充绿色。

（2）制作右侧矩形。使用【变换选区】命令，移动选区并旋转选区，然后填充绿色。

（3）制作中间正方形。创建一个正方形选区，使用【变换选区】命令，将选区放置于徽标中。旋转选区并调整其大小，然后填充颜色，完成制作。

图像的绘制

图形、图像是人们容易接受的信息。对于图像的处理和编辑而言，认识各种绘图工具并灵活使用它们是创建完美设计作品的基础。Photoshop各个版本都提供了强大的绘图工具。使用这些工具除能够绘制各种图像外，还可以绘制各种矢量图形。这些工具具有操作简单、功能强大、设置灵活等特点。使用它们能够方便地实现设计师的各种设计意图。本章将介绍在 Photoshop CS6 中使用绘图工具的方法和技巧。

本章介绍图像绘制的有关知识，主要包括以下内容。

- 前景色和背景色。
- 【画笔工具】的使用。
- 【铅笔工具】的使用。
- 【油漆桶工具】的使用。
- 【渐变工具】的使用。
- 【形状工具】的使用。

3.1 前景色和背景色

前景色是指使用绘图工具时的颜色，背景色是指当前图层的底色。在使用绘图工具或进行颜色填充前，一般都要先设置前景色和背景色。

3.1.1 使用工具箱设置前景色和背景色

在工具箱的底部，有专门设置前景色和背景色的工具，通过该工具可以设置前景色和背景色。工具箱中的前景色和背景色设置工具如图 3-1 所示。

单击图 3-1 中的按钮，可打开【拾色器】对话框。使用【拾色器】对话框拾取需要的颜色，如图 3-2 所示。完成颜色拾取后，单击【确定】按钮，即可将前景色或背景色改为当前拾取的颜色。在【拾色器】对话框中，可以基于 HSB（色相、饱和度、亮度）、RGB（红色、绿色、蓝色）颜色模型选择颜色，也可根据颜色的十六进制值来指定颜色。在 Photoshop 中，还可以基于 Lab 颜色模型选择颜色，并基于

图 3-1 设置前景色和背景色

CMYK（青色、洋红、黄色、黑色）颜色模型指定颜色。还可以将【拾色器】对话框设置为只从 Web 安全色或几个自定义颜色系统中选取。【拾色器】对话框中的色域可显示 HSB 颜色模式、RGB 颜色模式和（Photoshop）Lab 颜色模式中的颜色分量以及 CMYK 模式中的颜色比值。

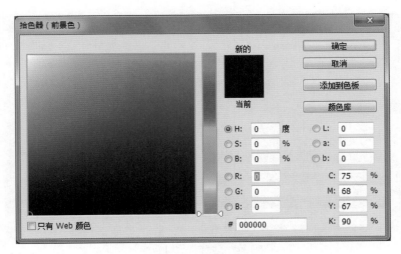

图 3-2 【拾色器】对话框

　　勾选【拾色器】对话框左下角的【只有 Web 颜色】复选框，可以显示 Web 安全颜色。所谓 Web 安全颜色是指在浏览器中看起来相同的颜色，如图 3-3 所示。此时的色域不再连续，也就是说有些设置的颜色在网页中是分辨不出效果的。

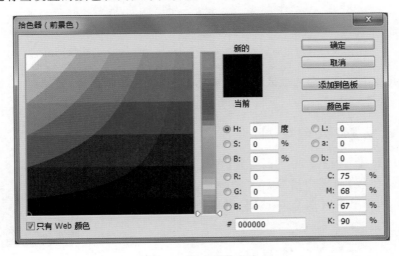

图 3-3 Web 安全颜色

　　单击【拾色器】对话框中的【颜色库】按钮，打开【颜色库】对话框，如图 3-4 所示。在【色库】下拉列表框中包含一些公司或组织制定的颜色标准。单击【颜色库】对话框中的【拾色器】按钮，可以返回【拾色器】对话框。

3.1.2 【颜色】面板的使用

　　在 Photoshop 中，可以使用【颜色】面板来实现前景色和背景色的设置。选择【窗口】→【颜色】命令，或者按 F6 功能键，可打开【颜色】面板，如图 3-5 所示。使用【颜色】面板可通过选择色彩模式的基本色来获得需要的颜色。单击【颜色】面板右上角的下三角按钮，可以利用弹出的面板菜单，将图像切换到不同颜色模式，如图 3-6 所示。

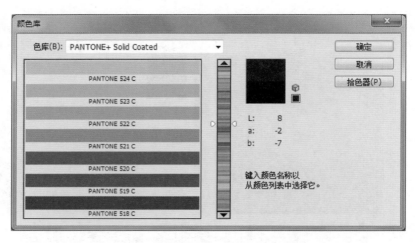

图 3-4 【颜色库】对话框

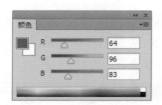

图 3-5 【颜色】面板　　　　　图 3-6 切换颜色模式

专家点拨：要更改颜色模式，可在【颜色】面板的色谱条上右击，同样可以在弹出的面板菜单中选择颜色模式。

3.1.3 【色板】面板的使用

选择【窗口】→【色板】命令，可以打开【色板】面板，如图 3-7 所示。直接在【色板】面板中拾取需要的颜色，即可实现对前景色的更改。如果单击时按下 Ctrl 键，可以将选定的颜色设置为背景色。

3.1.4 【吸管工具】的使用

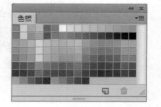

图 3-7 【色板】面板

在工具箱中选择【吸管工具】，然后在图像中单击，即可将该点的颜色设置为前景色。使用【吸管工具】时，在工具选项栏中可对该工具进行设置，如图 3-8 所示。在【取样大小】下拉列表框中选择【取样点】时，【吸管工具】将只拾取光标下 1 个像素的颜色。选择【3×3 平均】时，可拾取光标处 3 像素×3 像素区域内的所有颜色的平均值，其他选项的含义与此相同。

图 3-8 【吸管工具】的工具选项栏

【吸管工具】可以在窗口的任何图像中取样，无论是活动窗口还是非活动窗口。如果单击时按下 Alt 键，则会将颜色设置为新的背景色。

3.2　【画笔工具】的使用

Photoshop 提供了能在图像上绘制颜色的工具，当使用该工具在图像上拖动鼠标指针时，拖动过的部位将会被工具填充颜色。配合不同的工具选项设置，可以绘制出丰富多彩的图像。

3.2.1　【画笔工具】简介

【画笔工具】可用来在图像中以前景色绘制比较柔和的线条，效果类似于使用毛笔绘画的效果。

在工具箱中选择【画笔工具】 后，工具选项栏如图 3-9 所示。在工具选项栏中可以设置画笔的形态、大小、不透明度以及绘画模式等特性。

图 3-9　【画笔工具】的工具选项栏

专家点拨：在使用【画笔工具】的时候，可以配合使用 Shift 键，以绘制水平线、垂直线或者角度为 45°的直线。

3.2.2　【画笔】面板

在【画笔工具】的工具选项栏中单击 ，打开【画笔预设】选取器。【画笔预设】选取器用来设置画笔的大小、硬度及画笔的形状，如图 3-10 所示。单击 按钮，然后单击【画笔预设】按钮，可以打开【画笔预设】面板，如图 3-11 所示。

单击 按钮，将打开【画笔】面板。通过【画笔】面板能够对画笔进行多样化的设置，如图 3-12 所示。

使用【画笔】面板，既能够设置画笔笔尖的形状和大小，又能设置画笔的动态变化样式，创建不同大小、形态的画笔笔尖，获得各种意想不到的效果。

【画笔笔尖形状】选项设置中提供了 12 类选项，用于改变画笔的整体形态，选择【画笔笔尖形状】选项，进入【画笔笔尖形状】面板，可以在此改变画笔大小、角度、粗糙程度、间距等属性。

如果要使用画笔形状属性，应勾选选项名称左侧的复选框；若取消复选框的选择，则即使该选项进行了参

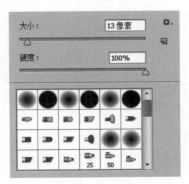

图 3-10　【画笔预设】选取器

数设置也不可用。要锁定画笔形状属性，可单击选项右侧的解锁图标；单击锁定图标，则解除对笔尖的锁定。

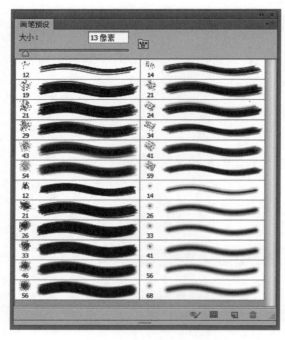

图 3-11　【画笔预设】面板　　　　　　　图 3-12　【画笔】面板

- 【形状动态】选项：决定画笔笔迹的随机变化情况，可使画笔粗细、角度、圆度等呈现动态变化。
- 【散布】选项：设置画笔的上色位置和分散程度。
- 【纹理】选项：使画笔绘制出的线条中包含图案预设窗口中的各种纹理。在画笔中添加纹理，不会改变画笔的颜色。画笔的颜色仍由前景色控制，纹理仅改变前景色的明暗强度。
- 【双重画笔】选项：使两个画笔叠加混合在一起绘制线条。在【画笔】面板的【画笔笔尖形状】面板中设置主画笔，在【双重画笔】面板中选择并设置第二个画笔。第二个画笔被应用在主画笔中，绘制时使用两个画笔的交叉区域。
- 【颜色动态】选项：设置画笔在绘制线条的过程中，颜色的动态变化。
- 【传递】选项：是新增加的画笔选项设置。通过设置该项目，可以控制画笔随机的不透明度，还可设置随机的颜色流量，从而绘制出自然的若隐若现的笔触效果，使画面更加灵动、通透。

在【画笔】面板中还有 5 个选项，这些选项没有相应的数据控制功能，只需勾选选项名称前的复选框，即可产生使用效果。

- 【杂色】选项：在画笔上添加杂点，从而制作出粗糙的笔触效果，对软边画笔尤其有效。
- 【湿边】选项：使画笔产生水笔效果。

- 【建立】选项：与【画笔工具】工具选项栏中的喷枪功能相同。
- 【平滑】选项：使画笔绘制出的曲线更流畅。
- 【保护纹理】选项：使所有使用纹理的画笔使用相同的纹理图案和缩放比例。

3.2.3　设置画笔

使用【画笔工具】时，在工具选项栏中选定一个适当大小与形状的画笔，才可以绘制图形。

1. 画笔的分类

【画笔工具】有 3 种不同类型的画笔：第一类画笔称为硬边画笔，这类画笔绘制的线条不具有柔和的边缘；第二类画笔为具有柔和边缘功能的画笔，称之为软边画笔；第三类画笔为不规则形状画笔，有时候也称为图案画笔。

2. 画笔的设置

为了满足绘图的需要，用户可以建立新画笔来进行图形绘制。

方法：打开【画笔预设】面板，单击右上角的下三角按钮，打开【画笔】面板菜单，在弹出的快捷菜单中可以设置新画笔，以及进行画笔的复位、载入、存储及替换等操作，如图 3-13 所示。

专家点拨：定义特殊画笔时，用户只能定义画笔形状，而不能定义画笔颜色。因此，即使用户是用漂亮的彩色图形建立的画笔，绘制出来的图像也不具有彩色效果。这是因为，用画笔绘图时颜色都是由前景色来决定的。

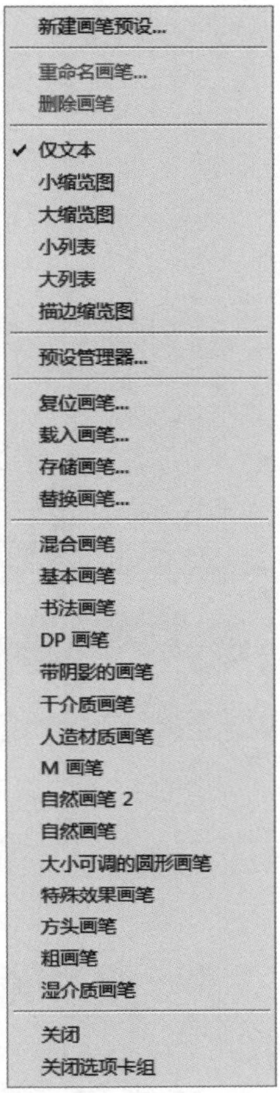

图 3-13　【画笔预设】面板菜单

色彩混合模式的控制是 Photoshop 的一项较为突出的功能，它是通过对各种色彩的混合而获得一些特定效果。画笔的色彩混合是指用当前绘图或编辑工具应用的颜色与图像原有的底色进行混合，从而产生一种结果颜色。

3.2.4　【画笔工具】应用实例——明信片的制作

1. 实例简介

通过本实例的制作，读者将掌握对画笔设置不同间隔及动态效果的方法，从而得到不同的效果，还将掌握定义新画笔的方法，从而熟练掌握画笔工具的使用方法。

2. 实例制作步骤

（1）启动 Photoshop CS6，打开素材文件夹 part3 中的"壁纸.jpg"文件。

（2）在工具箱中选择【画笔工具】，打开【画笔】面板。选中面板左侧的【画笔笔尖形状】选项，设置画笔属性，如图 3-14 所示。

（3）按 D 键恢复前景色和背景色的设置，按 Shift 键沿四周边框绘制一系列半圆形，如图 3-15 所示。

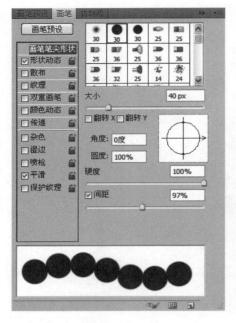

图 3-14   选择一款笔尖

图 3-15   绘制半圆形边框

（4）使用【吸管工具】,设置前景色为图像中叶子的黄绿色,颜色值为♯cdd415,如图 3-16 所示。

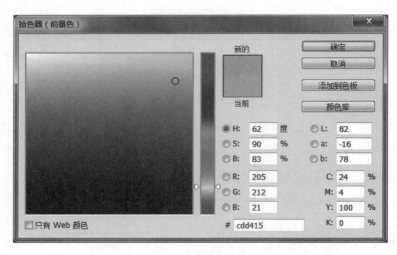

图 3-16   设置前景颜色

（5）在【画笔预设】选取器中选择枫叶形状的画笔,参数值保持默认即可。在图像中进行绘制,效果如图 3-17 所示。

（6）在【画笔预设】选取器中选择草形状的画笔,在图像中进行绘制,效果如图 3-18 所示。

（7）打开素材文件夹 part3 中的"蝴蝶.bmp"文件。

图 3-17　绘制树叶

图 3-18　绘制小草

（8）用【魔棒工具】选择背景，得到选区，如图 3-19 所示。

（9）选择【选择】→【反向】命令，或按 Ctrl＋Shift＋I 键，得到蝴蝶选区，如图 3-20 所示。

图 3-19　选择图像背景

图 3-20　选择蝴蝶

（10）选择【编辑】→【定义画笔预设】命令，打开【画笔名称】对话框。在【名称】文本框中输入此画笔的名称，如图 3-21 所示。

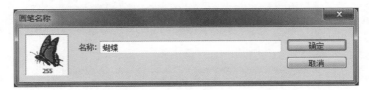
图 3-21　指定画笔名称

（11）单击【确定】按钮，关闭【画笔名称】对话框。此时，在【画笔】面板的【画笔笔尖形状】列表中可以找到这个自定义画笔笔尖。选择这个画笔笔尖，并设置其大小，如图 3-22 所示。

（12）设置【间距】及其他动态参数，如图 3-23 所示。

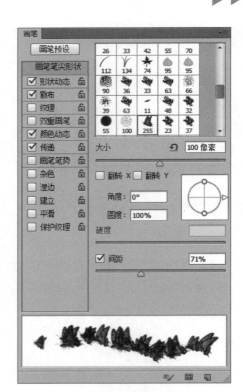

图 3-22　应用新画笔

图 3-23　新画笔参数设置

（13）选择【画笔工具】，在图像上进行绘制，完成实例的制作，如图 3-24 所示。

图 3-24　最终效果

3.3　【铅笔工具】的使用

　　【铅笔工具】和【画笔工具】类似，都可以用来绘制各种直线和曲线，它们位于工具箱的同一个工具组中，使用方法也十分相似。

3.3.1 【铅笔工具】简介

在工具箱中选择【铅笔工具】 。与【画笔工具】一样,将光标置于图像上然后拖动鼠标即可绘制出需要的图形。从绘制效果可以看到,使用【铅笔工具】创建的是硬边的手绘线条。该工具绘制的线条边缘清晰,是一种硬性边缘的线条效果。

【铅笔工具】的工具选项栏与【画笔工具】的工具选项栏几乎一样,如图 3-25 所示。

图 3-25　【铅笔工具】的工具选项栏

在该工具选项栏中,当勾选【自动抹除】复选框时,【铅笔工具】会自动判断绘画的初始像素点的颜色。如果像素点的颜色为前景色,则【铅笔工具】在绘制时将以背景色进行绘制;如果像素点的颜色为背景色,则会以前景色进行绘制。

 专家点拨：用【铅笔工具】绘图时,不能使用柔和边缘的画笔,因为铅笔永远是硬边的。

3.3.2 【铅笔工具】应用实例——去除数码照片中的瑕疵

1. 实例简介

本实例介绍使用【铅笔工具】来去除数码照片中的斑点的方法。有的数码照片在拍摄时,会自动打上时间信息。使用 Photoshop 去除这些时间信息的方法很多,这里介绍一种另类的方法,那就是使用【铅笔工具】的【自动抹除】功能来擦除照片中的时间信息。

通过本实例的制作,读者将了解【铅笔工具】的使用方法,熟悉其工具选项栏中【自动抹除】功能的作用。

2. 实例制作步骤

(1) 启动 Photoshop CS6,打开素材文件夹 part3 中的"数码照片.jpg"文件。

(2) 首先将图像放大,显示出照片右下角的时间信息,如图 3-26 所示。

图 3-26　需处理的照片

(3) 在工具箱中选择【吸管工具】,在数字"7"上单击,将前景色设置为数字"7"的颜色。按 X 键反转前景色和背景色,用【吸管工具】在数字"7"附近单击,将前景色设置为单击点的颜色。

（4）在工具箱中选择【铅笔工具】,在工具选项栏中选择合适的画笔笔尖,同时勾选【自动抹除】复选框,如图 3-27 所示。

图 3-27　工具选项栏中的参数设置

（5）使用【铅笔工具】在数字"7"上涂抹,将数字逐渐清除掉。由于勾选了【自动抹除】复选框,当【铅笔工具】涂抹处的像素点颜色为背景色时,将自动以前景色来填充,因此可以将数字抹除掉。使用【铅笔工具】将所有的数字抹掉,结果如图 3-28 所示。

（6）涂抹掉全部数字后,保存文件,完成本实例的制作。本实例的最终效果如图 3-29 所示。

图 3-28　抹除所有的数字　　　　　　　　图 3-29　本实例的最终效果

■**专家点拨**：在使用【铅笔工具】时,应根据涂抹位置的不同改变画笔笔尖的大小,以实现精确涂抹的目的。此时,可按［键缩小笔尖的大小,按］键增大笔尖的大小,以提高绘图效率。在涂抹过程中,可使用【吸管工具】多次拾取涂抹点附近的颜色,将其设置为前景色,以保证涂抹后的照片不失真。

3.4　【油漆桶工具】的使用

使用【画笔工具】能够通过拖动鼠标对指定位置的像素点进行颜色填充。Photoshop 还提供了面积填充工具,以实现对图像中特定区域的颜色或图案填充,这就是工具箱中的【油漆桶工具】。

3.4.1　【油漆桶工具】简介

使用 Photoshop 的【油漆桶工具】可以对图像进行颜色或图案的填充,它的填充范围是与图像中单击点颜色相同或相近的像素点。在工具箱中选择【油漆桶工具】 ,在工具选项栏中可对该工具进行设置,如图 3-30 所示。

图 3-30　【油漆桶工具】的工具选项栏

3.4.2　【油漆桶工具】应用实例——卡通线稿的上色

1. 实例简介

本实例是一个为线稿填充颜色的实例。在本实例的制作过程中,使用【油漆桶工具】的颜色填充功能为图形的各个部分填充颜色,同时使用【油漆桶工具】的图案填充功能制作图像的背景。

通过本实例的制作,读者将掌握使用【油漆桶工具】进行颜色填充和图案填充的方法。同时,读者将了解在图案填充时不同的模式所带来的不同填充效果。

2. 实例的制作步骤

(1) 启动 Photoshop CS6,打开素材文件夹 part3 中的"卡通线稿.jpg"文件。

(2) 在工具箱中选择【油漆桶工具】,在工具选项栏的【设置填充区域的源】下拉列表框中选择【前景】,勾选【连续的】复选框,设置前景色为♯0ff7ef,如图 3-31 所示。

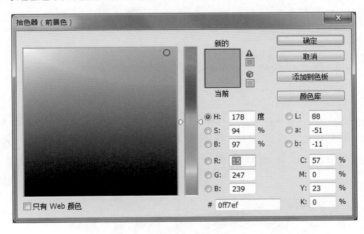

图 3-31　设置前景色

(3) 使用【油漆桶工具】在图像上单击,由于勾选了【连续的】复选框,将在线条封闭的区域内填充选定的前景色,如图 3-32 所示。

(4) 依次改变前景色,填充其他部位,如图 3-33 所示。

(5) 下面制作背景图案。新建一图层,然后隐藏当前图层。在新图层中输入文字"Baby",字体及大小自选。输入后将文字旋转一定角度(用【矩形选框工具】选择),如图 3-34 所示。

(6) 选择【编辑】→【定义图案】命令,打开【图案名称】对话框。在对话框中输入图案的名称,如图 3-35 所示。

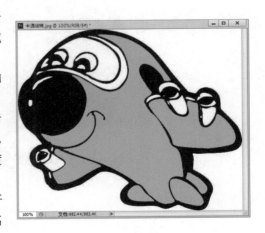

图 3-32　填充前景色

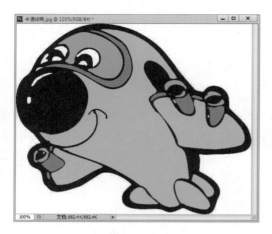

图 3-33　填充颜色

图 3-34　定义图案

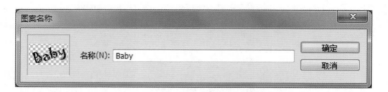

图 3-35　指定图案名称

　　（7）定义完图案后删除该文字层，显示背景层。选择【油漆桶工具】，在工具选项栏中的【设置填充区域的源】下拉列表框中选择【图案】，找到刚才所定义的图案。依次在图像的背景空白处单击，将空白的背景区域全部填充相同的图案。本实例的最终效果如图 3-36 所示。

图 3-36　在背景处单击以填充图案

3.5　【渐变工具】的使用

由一种颜色逐渐变为另一种颜色称为颜色的渐变。渐变颜色在图像的绘制和图像效果的创建中经常用到。工具箱中的【渐变工具】能够实现渐变颜色的填充。

3.5.1　【渐变工具】简介

在工具箱中选择【渐变工具】 ■ 。将鼠标指针置于图像中，然后拖动鼠标，即可将渐变颜色填充到图像中。选择【渐变工具】后，使用工具选项栏可对该工具进行设置，如图 3-37 所示。

图 3-37　【渐变工具】的工具选项栏

【渐变工具】可用来填充渐变色，如果不创建选区，【渐变工具】将作用于整个图像。此工具的使用方法是，拖动鼠标，将在图像上形成一条直线，直线的长度和方向决定了渐变填充的区域和方向。拖动鼠标的同时按住 Shift 键，可保证鼠标的方向是水平、竖直或呈 45°斜线方向。

【渐变工具】包括线性渐变、径向渐变、角度渐变、对称渐变和菱形渐变 5 种渐变方式。这些渐变工具的使用方法相同，但产生的渐变效果不同。

在【渐变工具】的工具选项栏中，【模式】下拉列表框中包含渐变色和底图的混合模式。通过调节【不透明度】的数值，可以改变整个渐变色的透明度。勾选【反向】复选框可使现有的渐变色逆转方向。【仿色】复选框用来控制色彩的显示，勾选它可以使色彩过渡更为平滑。勾选【透明区域】复选框，将对渐变填充使用透明蒙版。

3.5.2　渐变色的编辑

Photoshop 提供了大量的渐变样式供用户直接使用，但有时这些样式并不能满足用户的要求。这时，可以根据自己的需要来编辑生成自己的渐变效果。

在工具箱中选择【渐变工具】，在工具选项栏中单击色谱框，打开【渐变编辑器】对话框，如图 3-38 所示。

使用【渐变编辑器】对话框可创建新的渐变效果，也可以对已有的渐变效果进行编辑。下面对【渐变编辑器】对话框进行介绍。

- 【预设】列表框：在【预设】列表框中，列出了当前可用的渐变样式。单击【预设】列表框中的选项，可选择该渐变样式。单击【预设】列表框右侧的下三角按钮，可获得一个弹出式菜单。使用该菜单中的命令可改变【预设】列表框中列表的外观、进行列表选项的复位和选项的替换等操作。
- 【名称】文本框：在【名称】文本框中输入文字，可以设置新渐变的名称。该文本框不是对已有的预设渐变进行更名操作，而是修改新创建的渐变的名称。
- 【渐变类型】下拉列表框：该下拉列表框中有两个选项，选择【实底】时，可以编辑均匀过渡的渐变效果；如果选择【杂色】，将可以编辑粗糙的渐变效果。

图 3-38　【渐变编辑器】对话框

- 【平滑度】组合框：用来调整渐变的光滑程度。要调整【平滑度】的值，可以直接输入数值，也可以单击右侧的下三角按钮，通过拖动弹出的标尺上的滑块来调节其值。
- 渐变色谱条：渐变色谱条显示了颜色变化情况。在渐变色谱条的上方和下方都有色标。通过对色标进行设置可以对渐变进行修改。
- 【颜色】色标：在渐变色谱条的下方是【颜色】色标。色标是一种颜色标记。【颜色】色标所在的位置就是色谱上使用原色的位置。渐变色就是从一个【颜色】色标过渡到另一个【颜色】色标。拖动【颜色】色标，可以移动其位置，改变该颜色在渐变色谱条中的范围。在渐变色谱条的下边单击，可添加新的【颜色】色标。【颜色】色标有3种，当其显示为 ![icon] 时，表示当前颜色为前景色。当色标使用背景色时，其显示为 ![icon]。当【颜色】色标显示为 ![icon] 时，表示当前颜色为用户自定义颜色。单击【颜色】色标，可选定该色标。选定时其上方为黑色的三角形，表示此时可对色标进行编辑。
- 【不透明度】色标：在色谱条上方是【不透明度】色标。【不透明度】色标的操作和【颜色】色标的操作基本一致。【不透明度】色标上的颜色根据颜色透明度的不同显示为灰度。当颜色完全透明时，【不透明度】色标显示为纯白色 ![icon]。当色标完全不透明时，【不透明度】色标显示为纯黑色。
- 【中点】标志：在两个相邻的【颜色】色标或【不透明度】色标的中间都有一个菱形的标志，这个标志称为【中点】标志。【中点】标志所在的位置是两种相邻的原色或透明效果的分界线，即标示出左右两种原色各占 50％ 的位置或 50％ 透明度处。通过移动【中点】标志，可以改变渐变色的分界线的位置。【中点】标志只能在两个相邻的【颜色】色标或【不透明度】色标间移动。

　　![icon]**专家点拨**：在完成渐变色的编辑后，单击【新建】按钮，此渐变将以当前的设置添加在【预设】列表框中。该渐变的名称为【名称】文本框中输入的名称。如果单击【存储】按钮，将

打开【存储】对话框。使用该对话框可将渐变保存为 GRD 文件。单击【载入】按钮,可以将更多的渐变载入到【渐变编辑器】对话框中,以供选择使用。

3.5.3　【渐变工具】应用实例——蝶舞

1. 实例简介

本实例将制作水晶球中的蝴蝶效果。在实例的制作中,通过在选区中使用【渐变工具】来获得水晶球效果,同时使用【画笔工具】来创建围绕蝴蝶的星群效果。

通过本实例的制作,读者将了解利用【渐变工具】创建晶莹球体效果的一般方法,了解渐变的编辑技巧,同时进一步熟悉【画笔工具】的使用方法,并初步了解图层混合效果的作用。

2. 实例制作步骤

(1) 启动 Photoshop CS6,打开【新建】对话框,创建一个名为"蝶舞"的新文档,如图 3-39 所示。

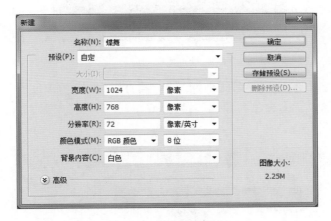

图 3-39　【新建】对话框

(2) 在工具箱中选择【渐变工具】。按 D 键将前景色和背景色设置为默认的黑色和白色。打开【渐变编辑器】对话框。在【预设】列表框中选择第一种渐变,选择渐变色谱条下方右侧的【颜色】色标后单击【颜色】色块,选择颜色为♯4717a3,如图 3-40 所示。

图 3-40　【拾色器】对话框

（3）单击【确定】按钮。在工具选项栏中选择【线性渐变】,使用【渐变工具】从文档窗口的底部向上拖出渐变线,使渐变线到文档窗口的顶部终止。松开鼠标,创建渐变背景。

（4）在工具箱中选择【椭圆选框工具】。按下 Shift 键,在图像中创建一个圆形选区,如图 3-41 所示。

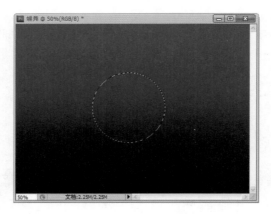

图 3-41　创建圆形选区

（5）再次选择【渐变工具】,打开【渐变编辑器】对话框,将渐变色谱条起点和终点的【颜色】色标的颜色分别设置为白色和蓝色(♯4e21a7),同时调整【中点】标志的位置,如图 3-42 所示。

图 3-42　设置颜色并调整【中点】标志的位置

（6）在工具选项栏中将【不透明度】设置为 60%。选择【径向渐变】,在图像上的选框中从左下方向右上方拉出渐变线,创建径向渐变效果,如图 3-43 所示。

（7）选择【选择】→【变换选区】命令，调整选区的大小和位置，如图 3-44 所示。选区变换完成后，按 Enter 键确认选区的变换。

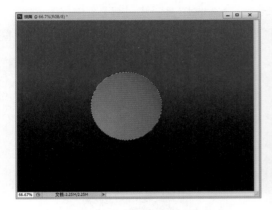

图 3-43 在选区中创建径向渐变效果

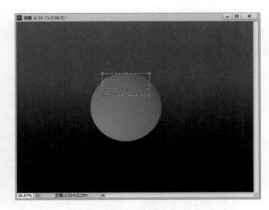

图 3-44 变换选区

（8）选择【选择】→【修改】→【羽化】命令，设置【羽化半径】为 10 像素。

（9）选择【渐变工具】，打开【渐变编辑器】对话框。在渐变色谱条下方中点处单击创建一个新的【颜色】色标。设置该【颜色】色标的颜色为♯b9a9d6，同时调整该【颜色】色标两边的【中点】标志的位置，如图 3-45 所示。

图 3-45 增加【颜色】色标并设置其颜色

（10）单击渐变色谱条右侧上方的【不透明度】色标，在【不透明度】文本框中输入不透明度值为 60%。

（11）在工具选项栏中选择【线性渐变】，同时将【不透明度】设置为 60%。在选区中从上向下拉出渐变线,创建线性渐变效果,如图 3-46 所示。

(12) 按 Ctrl+D 键,取消选区的选择,得到一个水晶球。

(13) 打开素材文件夹 part3 中的"蝴蝶.bmp"文件。在工具箱中选择【魔棒工具】,在工具选择栏中取消【连续】复选框的选择。在图像背景处单击,按 Ctrl+Shift+I 键,反选选区,将蝴蝶框选下来,如图 3-47 所示。

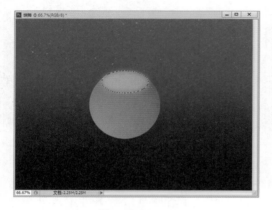

图 3-46　创建线性渐变效果

图 3-47　框选蝴蝶

(14) 在工具箱中选择【移动工具】，将选中的蝴蝶对象拖放到【蝶舞】文档窗口中的适当位置。打开【图层】面板,选择包含蝴蝶的图层【图层 1】,将图层混合模式设置为【柔光】,如图 3-48 所示。

图 3-48　设置图层混合模式

（15）在工具箱中选择【画笔工具】。打开【画笔】面板，选中【画笔笔尖形状】选项，选择 55 像素的星星画笔。对画笔笔尖形状进行设置，设置间距为 25%。

（16）选中【形状动态】选项，并对画笔笔尖的形状动态进行设置，如图 3-49 所示。

（17）选中【散布】选项，同时设置画笔笔尖散布的参数，如图 3-50 所示。

图 3-49　设置笔尖的形状动态

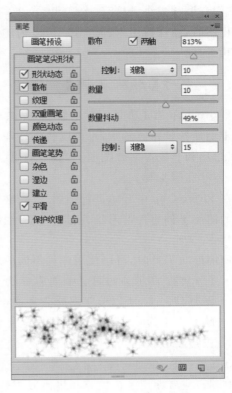

图 3-50　设置笔尖散布参数

（18）在【图层】面板中选择【背景】图层。设置前景色为白色。使用不同大小的画笔笔尖，绘制群星。本实例最终效果如图 3-51 所示。

图 3-51　实例的最终效果

3.6 【形状工具】的使用

矢量形状是使用形状或【钢笔工具】绘制的直线和曲线。矢量形状与分辨率无关。因此，它们在调整大小、打印到 PostScript 打印机、存储为 PDF 文件或导入到基于矢量的图形应用程序时，会保持清晰的边缘。可以创建自定形状库，编辑形状的轮廓和属性等。本节介绍形状工具。

3.6.1 关于【形状工具】

Photoshop 为了方便形状的绘制，提供了绘制矢量形状的工具。这些工具能够直接在图像中创建各种特殊形状，也可以使用这些工具创建路径效果。使用这些工具能够绘制椭圆、多边形和直线等多种图形。此外，使用【自定形状工具】还能够绘制各种复杂的图形，如心形、树叶和箭头等。

在 Photoshop 中开始进行绘图之前，必须选取绘图模式。选取的绘图模式将决定是在单独的图层上创建矢量形状、还是在现有图层上创建工作路径或是在现有图层上创建栅格化形状。

使用形状工具时，可以使用 3 种不同的模式进行绘制。

- 【形状】：在单独的图层中创建形状。因为可以方便地移动、对齐、分布形状图层并调整其大小，所以形状图层非常适于为 Web 页创建图形。可以选择在一个图层上绘制多个形状。形状图层包含定义形状颜色的填充图层以及定义形状轮廓的链接矢量蒙版。形状轮廓是路径，它会出现在【路径】面板中。
- 【路径】：在当前图层中绘制一个工作路径，可随后使用它来创建选区、创建矢量蒙版，或者使用颜色填充和描边以创建栅格图形。除非将其存储为工作路径，否则它只是一个临时路径。绘制的路径将出现在【路径】面板中。
- 【像素】：直接在图层上绘制，与绘画工具的功能非常类似。在此模式中工作时，创建的是栅格图像，而不是矢量图形。可以像处理任何栅格图像一样来处理绘制的形状。

绘制形状时，可以在图层中绘制单独的形状，也可以使用【合并形状】、【减去顶层形状】、【与形状区域相交】或【排除重叠形状】选项来修改图层中的当前形状。

- 【合并形状】：将新的区域合并到现有形状或路径中。
- 【减去顶层形状】：将重叠区域从现有形状或路径中移去。
- 【与形状区域相交】：将区域限制为新区域与现有形状或路径的相交区域。
- 【排除重叠形状】：从新区域和现有区域的合并区域中排除重叠区域。

3.6.2 【形状工具】的使用方法

在工具箱中选择相应的形状工具，如图 3-52 所示。

1.【矩形工具】、【圆角矩形工具】和【椭圆工具】

这 3 个工具的属性类似，以【矩形工具】为例进行说明。在工具箱中选择【矩形工具】，其

图 3-52 形状工具

工具选项栏如图 3-53 所示。

图 3-53 【矩形工具】的工具选项栏

【矩形工具】可以用来绘制矩形或正方形。【矩形工具】的几何选项设置如图 3-54 所示。

图 3-54 【矩形工具】的几何选项

- 【不受约束】：可以自由控制矩形的大小，这也是默认选项。
- 【方形】：绘制的形状都是正方形。
- 【固定大小】：在 W 和 H 文本框中输入数值，可以精确定义矩形的宽和高。
- 【比例】：在 W 和 H 文本框中输入数值，可以定义矩形宽、高的比例。
- 【从中心】：以单击处为中心绘制矩形。

2. 【多边形工具】

【多边形工具】可以用来绘制多边形与星形。选择【多边形工具】后，工具选项栏中将出现一个【边】文本框。在此文本框中输入数值，可以控制多边形或星形的边数。对于【多边形工具】的几何选项设置，可以设置半径、切换形状方式以及星形的缩进与拐角，如图 3-55 所示。

图 3-55 【多边形工具】的几何选项

3. 【直线工具】

【直线工具】可以用来绘制直线与箭头。选择【直线工具】后，工具选项栏中将出现一个【粗细】文本框，输入的数值可以控制直线的粗细。对于【直线工具】的几何选项设置，可以设置直线与箭头的切换以及设置箭头的属性，如图 3-56 所示。

4.【自定形状工具】

【自定形状工具】可以用来绘制系统自带的各种形状，如图 3-57 所示。

单击图 3-57 右侧的 ⚙️ 按钮，可以在弹出的菜单中对形状进行管理，如图 3-58 所示。

图 3-56　【直线工具】的几何选项

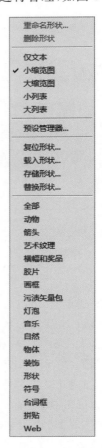

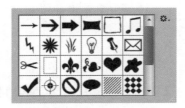

图 3-57　【自定形状工具】系统自带形状　　　　图 3-58　【自定形状工具】管理菜单

3.6.3　【形状工具】应用实例——动画背景

1. 实例简介

本实例介绍一个动画背景的绘制过程。在实例制作过程中，将综合使用 Photoshop 的形状工具来绘制动画背景中的各种造型。

通过本实例的制作，读者将了解使用形状工具绘制图形的方法和技巧，掌握形状工具的使用方法。

2. 实例制作步骤

（1）启动 Photoshop CS6，新建名称为"海上"的文件，选择默认文件大小即可。

（2）选择【矩形工具】绘制一蓝色矩形，如图 3-59 所示。

（3）选择【自定形状工具】，添加全部自定义形状。选择不同的颜色，依次绘制"太阳"、"波浪"、"鱼"、"溅发"、"云彩 1"等图形，如图 3-60 所示。

图 3-59　绘制海面

图 3-60　动画背景

3.7　本 章 小 结

图像的绘制是平面设计的一个重要内容。Photoshop 为图像、图形的绘制提供了丰富的工具。本章详细介绍了绘制图像常用的【画笔工具】和【铅笔工具】的使用方法，以及对图像进行纯色填充和渐变填充的方法和技巧，同时介绍了使用形状工具绘制各种形状的方法和技巧。通过本章的学习，读者能够了解图像绘制中画笔的设置方法，掌握渐变色的编辑方法和技巧，同时熟悉 Photoshop 中绘制图形的方法。

3.8　本 章 习 题

一、填空题

1. 系统默认的前景色是_____，背景色是_____。

2.【油漆桶工具】可以填充_____和_____。

3.【画笔工具】有 3 种不同类型的画笔。第一类画笔称为_____，这类画笔绘制的线条不具有柔和的边缘；第二类画笔为具有柔和边缘功能的画笔，称为_____；第三类画笔为不规则形状画笔，有时候也称为_____。

4.【渐变工具】包括线性渐变、_____、_____、_____和_____。

5. 使用形状工具时，可以使用 3 种不同的模式进行绘制，分别是_____、_____和_____。

二、选择题

1.【画笔工具】的快捷键是（　　　）。
    A．Ctrl＋B　　　　　　B．Shift＋B　　　　　　C．Alt＋B　　　　　　D．B

2. 使用【吸管工具】时，按下（　　　）键可以设置新的前景颜色。
    A．Ctrl　　　　　　　　B．Shift　　　　　　　　C．Alt　　　　　　　　D．Space

3. 在设置画笔笔尖的形状动态时,欲调整画笔笔尖变化的随机性,应该调整下面哪个设置项的值?(　　)

A.【圆角抖动】　　　　　　　　B.【最小直径】

C.【大小抖动】　　　　　　　　D.【角度抖动】

4. 下面哪个渐变效果是径向渐变效果?(　　)

A. 　　　　　　B.

C. 　　　　　　D.

3.9　上机练习

练习 1　桌上的台球

绘制放置于桌面上的台球,如图 3-61 所示。

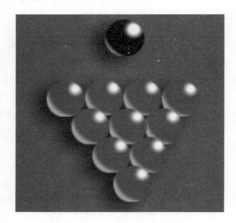

图 3-61　桌面上的台球

以下是主要制作步骤提示。

(1) 桌面的制作。创建新文档时,将绿色作为文档背景。使用【画笔工具】,以较小的柔性笔尖和较低的透明度在背景上涂抹,模拟台球桌面的斑驳效果。

(2) 红色台球的制作。使用【椭圆选框工具】创建圆形选区,填充红色。选择【椭圆选框工具】,设置适当的羽化值,在台球适当位置创建圆形选区。向选区填充白色,得到台球高光区域。使用【椭圆选框工具】的选区相减功能,制作月牙区域。羽化该选区,以白色填充选区并将其放在红色台球下端合适位置。

(3) 复制台球,排列台球。在台球所在图层下方添加图层,绘制三角形选区,设置选区羽化值后填充黑色,得到红色台球的阴影。

(4) 采用相同的方法制作黑色台球。

练习 2　绘制花园

绘制图 3-62 所示的图像。

图 3-62　绘制花园

以下是主要制作步骤提示。

(1) 使用【画笔工具】绘制小草。

(2) 使用【自定形状工具】绘制树、花和蝴蝶。

第4章

图像的编辑和修饰

Photoshop 具有强大的图像编辑和处理能力。对图像的编辑和修饰是使用 Photoshop 所进行的日常工作之一。对图像进行有效的编辑和修饰，能够使设计创作更加准确和快捷，作品形象更加生动。Photoshop 为图像的编辑和修饰提供了大量的命令和工具。这些命令和工具各有特色，可以应付各种用户不同的设计要求。本章将介绍使用这些命令和工具来对图像进行编辑处理的方法和技巧。

本章介绍图像的编辑和修饰，主要包括以下内容。

- 画布的调整。
- 图像的调整。
- 对象的变换。
- 【历史记录画笔工具】和【历史记录艺术画笔工具】的使用。
- 图像擦除工具。
- 图章工具。
- 图像润饰工具。

4.1　画布的调整

在 Photoshop 中，画布指的是进行图像设计和处理的整个版面。Photoshop 可以对画布的大小进行调整，同时也可以对画布进行各种旋转操作。

4.1.1　画布大小的调整

在 Photoshop 中，选择【图像】→【画布大小】命令，可打开【画布大小】对话框，如图 4-1 所示。设置对话框中的参数，可改变图像所在画布的大小。

图 4-1　【画布大小】对话框

4.1.2　画布的旋转

使用【图像】→【图像旋转】命令，能够对整个画布进行旋转或翻转操作。旋转和翻转的对象将包括画布中的图像、所有图层及通道等元素。选择【图像】→【图像旋转】命令，在子菜单中选择具体的旋转操作命令，来对图像进行旋转变换，如图 4-2 所示。

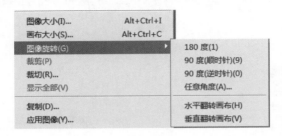

图 4-2　【图像旋转】子菜单

4.1.3　画布调整应用实例——照片的留白边框

1. 实例简介

本实例将介绍制作照片留白边框效果的方法。在本实例的制作过程中，将使用【画布大小】命令来扩展画布，获得照片白色边框。通过本实例的制作，读者将了解【画布大小】命令的使用。

2. 实例制作步骤

（1）启动 Photoshop CS6，打开素材文件夹 part4 中的"风景照.jpg"文件。

（2）将背景色设置为白色。选择【图像】→【画布大小】命令，打开【画布大小】对话框。在对话框中勾选【相对】复选框，同时设置【宽度】和【高度】值，如图 4-3 所示。

（3）单击【确定】按钮，关闭【画布大小】对话框。画布将相对于现有的大小向四周扩展 20 像素，如图 4-4 所示。

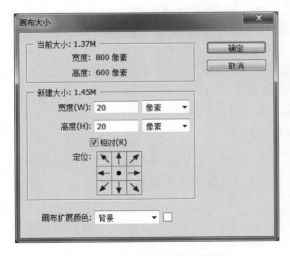

图 4-3　【画布大小】对话框的设置

图 4-4　扩展画布

(4) 在【图层】面板中,将【背景】图层拖放到【创建新图层】按钮 上,以复制背景图层,如图 4-5 所示。

(5) 选择【图像】→【画布大小】命令,在打开的【画布大小】对话框中进行设置,如图 4-6 所示。

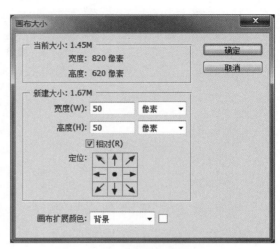

图 4-5　复制【背景】图层　　　　　　图 4-6　【画布大小】对话框中的设置

(6) 单击【确定】按钮,关闭【画布大小】对话框,再次扩展画布,如图 4-7 所示。

图 4-7　再次扩展画布

(7) 在【图层】面板中双击【背景副本】图层缩略图,打开【图层样式】对话框。在对话框左边的【样式】选项组中选中【斜面和浮雕】图层样式,对【斜面和浮雕】图层样式进行设置,如图 4-8 所示。

(8) 单击【确定】按钮,关闭【图层样式】对话框,应用图层样式。此时将获得照片的阴影效果。最后保存文件。本实例的最终效果如图 4-9 所示。

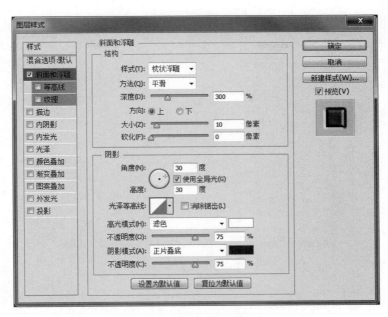

图 4-8 【斜面和浮雕】图层样式

图 4-9 照片的阴影效果

4.2 图像的调整

Photoshop 的【图像大小】命令可以用来对图像的大小进行调整。此外，Photoshop 还提供了【裁剪工具】来实现对图像的裁剪。

4.2.1 图像大小的调整

选择【图像】→【图像大小】命令，打开【图像大小】对话框，如图 4-10 所示。使用该对话框可查看图像的大小信息，也可重新设置图像的大小和分辨率。

图 4-10　【图像大小】对话框

4.2.2　图像的裁剪

在平面设计中,版面的大小一般在创建作品时就已经确定了,这样往往会导致使用素材与设计作品在大小上的冲突,只能通过对素材进行裁剪来加以完善。在工具箱中,使用【裁剪工具】可以能够方便地对图像进行裁剪操作。

1.【裁剪工具】的使用

在 Photoshop 中,裁剪是移去部分图像以加强构图效果的过程。使用工具箱中的【裁剪工具】可以裁剪图像,保留图像中需要的部分。选择【裁剪工具】后,可在图像中根据需要保留区域的大小拖动裁剪框,框住需要保留的部分。拖动裁剪框上的控制柄,可改变裁剪框的大小并对裁剪框进行旋转。裁剪框中心的星形标志是旋转时的轴心,裁剪框外的灰色区域为裁剪掉的内容,如图 4-11 所示。完成操作后,按 Enter 键,裁剪框外的图像将被裁切掉。

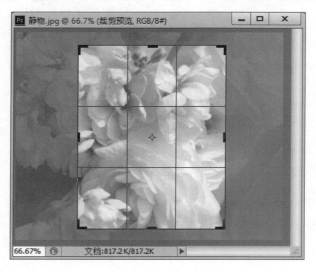

图 4-11　调整裁剪框

2.【裁剪工具】的工具选项栏

选择【裁剪工具】后，在工具选项栏中可以直接设置自定义长宽比来创建裁剪框，如图 4-12 所示。

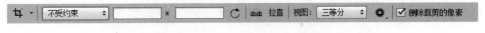

图 4-12　【裁剪工具】的工具选项栏

单击裁剪选项下拉列表框右侧的 ‡ 按钮，可以从打开的下拉列表中选择预设的裁剪选项，如图 4-13 所示。

- 【不受约束】：选择该项后，可以自由调整裁剪框的大小。
- 【原始比例】：选择该项后，拖动裁剪框时始终会保持图像原始的长宽比例。
- 【预设长宽比】：【1×1（方形）】、【4×3】等选项是 Photoshop 提供的预设长宽比。如果要自定义长宽比，可在该项右侧的文本框中输入数值。
- 【存储预设/删除预设】：拖出裁剪框后，选择【存储预设】选项，可以将当前创建的长宽比保存为一个预设文件。如果要删除自定义的预设文件，可先将其选中，再执行【删除预设】选项即可。

图 4-13　预设的裁剪选项

- 【大小和分辨率】：选择该项后，可以打开一个对话框。输入图像的【宽度】、【高度】和【分辨率】值并单击【确定】按钮，即可按照设定的尺寸裁剪图像。

4.2.3　【裁剪工具】应用实例——倾斜图像的校正

1. 实例简介

在拍摄数码照片时，有时拍摄的照片会发生倾斜，此时可以在 Photoshop 中使用【标尺工具】和【裁剪工具】来对这样的照片进行校正。本实例将介绍校正的具体操作方法。在本实例的制作过程中，使用【标尺工具】绘制度量线，然后以度量线为依据进行画布的旋转操作，最后使用【裁剪工具】裁剪掉多余的部分，进而获得需要的图像效果。

通过本实例的制作，读者将进一步了解【裁剪工具】的使用方法，同时熟悉【标尺工具】在图像编辑中所起的作用。

2. 实例操作步骤

(1) 启动 Photoshop CS6，打开素材文件夹 part4 中的"倾斜的照片.jpg"文件。

(2) 在工具箱中选择【标尺工具】 。使用【标尺工具】在图像中沿着倾斜的地面拉出一条度量线，如图 4-14 所示。

　专家点拨：工具箱中的【标尺工具】可用来对图像中某部分的长度和角度进行精确测量。测量的结果可以在该工具的选项栏中看到，也可在【信息】面板中看到，如图 4-15 所示。如果需要删除测量线，在该工具选项栏中单击【清除】按钮即可。

图 4-14   拉出度量线

　　(3) 选择【图像】→【图像旋转】→【任意角度】命令,打开【旋转画布】对话框,如图 4-16 所示。在【旋转画布】对话框的【角度】文本框中,已经根据绘制的度量线自动添加了旋转角度。

图 4-15   【信息】面板中标尺的属性　　　　　　图 4-16   【旋转画布】对话框

　　(4) 单击【确定】按钮,关闭【旋转画布】对话框。旋转画布后的效果如图 4-17 所示。

　　(5) 在工具箱中选择【裁剪工具】,在图像中拖出裁剪框,如图 4-18 所示。拖动控制柄对裁剪框的大小进行微调,适当移动裁剪框的位置,直到效果满意为止。

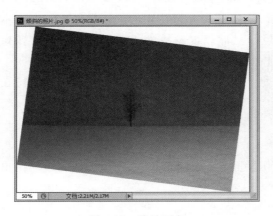

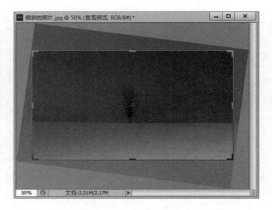

图 4-17   旋转画布　　　　　　　　　　　　图 4-18   拖出裁剪框

　　(6) 按 Enter 键确认裁剪操作,完成本实例的制作。本实例的最终效果如图 4-19 所示。

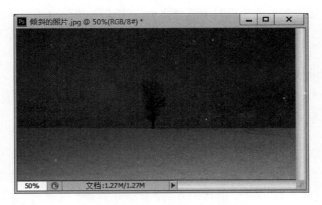

图 4-19　实例的最终效果

4.3　对象的变换

在进行图像的编辑处理时,往往需要对图像的局部或选择的对象进行旋转、透视或扭曲等操作。Photoshop 提供【变换】类命令和【自由变换】命令以实现对象的变换。本节将对对象的变换进行介绍。

4.3.1　【变换】类命令简介

选择【编辑】→【变换】子菜单中的命令,能够实现对选择对象的各种变换操作。Photoshop 的【变换】子菜单命令如图 4-20 所示。

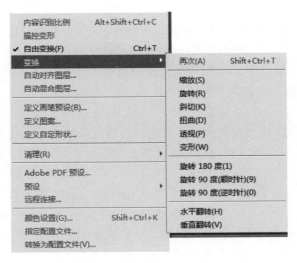

图 4-20　【变换】子菜单命令

4.3.2　【自由变换】命令简介

Photoshop 除了可以使用【变换】类命令来对对象进行变换外,还提供了更为灵活的对象变换方式，那就是使用【自由变换】命令。选择【编辑】→【自由变换】命令或者使用 Ctrl＋T 键，能够一次性对对象进行多种变换，从而省去了每次变换都要选择菜单命令的麻烦。

1. 对象的自由变换

打开素材文件夹 part4 中的"树叶.psd"文件，选定一个选区，使用【自由变换】命令，直接拖动变换框上的控制柄可实现对象的缩放。将鼠标指针放在变换框四个角中任意一角的控制柄外端，可以实现对象的旋转变换，如图 4-21 所示。

在对对象进行自由变换时，按 Ctrl 键拖动变换框上的控制柄，能够实现自由扭曲变换。按 Ctrl＋Shift 键拖动变换框上的控制柄，可以实现斜切变换。按 Alt＋Shift＋Ctrl 键拖动变换框角上的控制柄，可以实现透视变换。

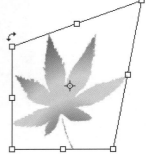

图 4-21　对象的自由变换

2. 使用工具选项栏进行精确变换

选择【自由变换】命令，对象将被变换框包围。此时可以通过工具选项栏直接对变换进行设置，以获得比用鼠标拖动更为准确的变换效果。使用【自由变换】命令后的工具选项栏如图 4-22 所示。

图 4-22　使用【自由变换】命令后的工具选项栏

4.3.3　对象变换的应用实例——照相机广告

1. 实例简介

本实例介绍一个相机广告的制作过程。在制作过程中，需要对多个素材图片进行处理，处理过程基本采用相同的步骤和技术。在进行实例制作时，首先处理素材图片，为素材图片添加照片的白色边框效果，利用【移动工具】将处理后的素材图片放置到作品中。然后，使用【自由变换】命令修改素材图片的大小、旋转角度和放置位置，从而获得需要的图像效果。

通过本实例的制作，读者将掌握对对象进行各种变换的方法和技巧，同时将进一步熟悉【画布大小】命令的应用和图层操作的基本方法。

2. 实例制作步骤

（1）启动 Photoshop CS6，打开素材文件夹 part4 中的"广告背景.jpg"文件。

（2）打开素材文件夹 part4 中的"广告素材 1.jpg"文件，将背景色设置为白色。选择【图像】→【画布大小】命令，打开【画布大小】对话框，设置画布扩展的大小为 50 像素。

（3）单击【确定】按钮，关闭【画布大小】对话框，得到图片的白边效果。

（4）在工具箱中选择【移动工具】，将"广告素材 1"图片拖放到"广告背景.jpg"文档窗口中，如图 4-23 所示。

（5）选择【编辑】→【自由变换】命令，在工具选项栏中单击【保持长宽比】按钮，在【W】文本框中输入数值 40%，此时图像会自动按照原有的长宽比缩小。移动该图像的位置，如图 4-24 所示。

　　图 4-23　拖放图像

　　图 4-24　缩小图像并移动它的位置

　　（6）完成变换后，按 Enter 键确认变换。使用相同的方法，为"广告素材 2.jpg"图片添加白边，并将其拖放到"广告背景.jpg"图片中。

　　（7）按 Ctrl＋T 键对对象进行自由变换。在工具选项栏中设置其缩放比例为 40％，旋转角度为－10°。

　　（8）将对象移动到图像中合适的位置，按 Enter 键确认变换。此时图像的效果如图 4-25 所示。

　　（9）使用相同的方法为"广告素材 3.jpg"图片添加白色边框，并将其拖放到"广告背景.jpg"图像中，然后对其进行自由变换，设置其缩放比例为 40％，旋转角度为 10°。

　　（10）在【图层】面板中调整 3 个对象所在图层的位置，使第三张图片所在的图层位于前两张图片所在图层的中间。此时图像的效果如图 4-26 所示。

　　图 4-25　完成对象变换后的图像效果

　　图 4-26　添加素材后图像的效果

　　（11）打开素材文件夹 part4 中的"相机.jpg"文件，将图片中的相机框选下来。

　　（12）使用【移动工具】将相机拖放到"广告背景.jpg"文档窗口中。

　　（13）按 Ctrl＋Shift＋E 键合并所有图层。本实例的最终效果如图 4-27 所示。

图 4-27　本实例的最终效果

4.4 【历史记录画笔工具】和【历史记录艺术画笔工具】的使用

　　在进行图像处理时,往往需要对图像进行大量的修改,而发生操作错误时又需要将图像状态恢复到操作之前的状态,这就需要记录操作步骤和图像各个步骤中的状态。Photoshop 的【历史记录】面板正是为实现这一要求而设立的。Photoshop 的【历史记录画笔工具】和【历史记录艺术画笔工具】也都属于恢复工具。它们可与【历史记录】面板结合起来使用,通过在图像中进行适当的涂抹来将涂抹区域恢复到以前的状态。

4.4.1　【历史记录】面板简介

　　在对图像进行编辑时,常会出现操作效果不能令人满意或出现了错误操作的情况。选择【编辑】→【还原】命令可以取消上一次的操作,但这一命令只能取消一步操作,对于之前的多步操作就无能为力了。为了能够实现对之前的多步操作进行修改和撤销,Photoshop 提供了【历史记录】面板。

　　【历史记录】面板能够记录操作的步骤以及在该操作下的图像状态,能够将图像恢复到之前的某个状态。【历史记录】面板是一个重要的控制面板,除了能够撤销操作之外,还能够提取图像操作过程的某个中间状态,并将这一状态进行保存。

图 4-28　【历史记录】面板

　　在 Photoshop 中,选择【窗口】→【历史记录】命令能够打开【历史记录】面板,如图 4-28 所示。单击面板下方的【从当前状态创建新文档】按钮，可以将当前操作的状态复制成为一个新的以"复制状态"为名称的文件;单击面板下方的【创建新快照】按钮，可以在【历史记录】面板中形成一个新的还原点,当操作步骤超过 20 步时,可以随时以此还原点为还原位置,回到操作之前的状态。

专家点拨：【历史记录】面板中的记录条数，在默认情况下是 20 条。超过 20 条后，前面的记录将被自动清除。选择【编辑】→【首选项】→【性能】命令，打开 Photoshop【首选项】设置的【性能】对话框。在【历史记录与高速缓存】选项组中可以设置【历史记录】面板中历史记录的条数。历史记录条数并不是设置得越多越好。过多的历史记录会增加资源的占用，影响 Photoshop 的运行速度。

4.4.2　【历史记录画笔工具】简介

在工具箱中选择【历史记录画笔工具】，然后在【历史记录】面板中选择需要返回的位置，接着在图像中进行适当的涂抹，即可将涂抹处的图像恢复到【历史记录】面板中恢复点处的画面状态，如图 4-29 所示。

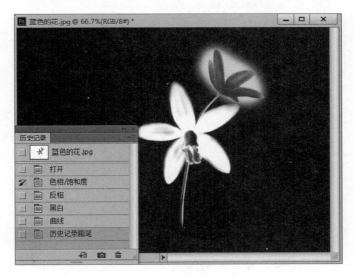

图 4-29　【历史记录画笔工具】的使用

【历史记录画笔工具】的工具选项栏中各设置项的作用，与【画笔工具】工具选项栏一致，这里不再赘述。

4.4.3　【历史记录艺术画笔工具】简介

【历史记录艺术画笔工具】在使用方法上与【历史记录画笔工具】基本一致，也是通过在图像中涂抹，将涂抹处的状态恢复到指定恢复点处的状态。与【历史记录画笔工具】相比，【历史记录艺术画笔工具】能够对图像的像素进行移动和涂抹，以制作出绘画效果，从而创造更加丰富多彩的图像效果。

4.4.4　【历史记录画笔工具】应用实例——黑白照片中的局部色彩

1. 实例简介

本实例是一款图像特效，将创建在黑白照片中保留局部色彩的图像效果。在本实例制作过程中，将使用【去色】命令获得黑白照片效果，并将在【历史记录】面板中创建快照，使用【历史记录画笔工具】恢复图像的彩色效果。

通过本实例的制作,读者将掌握【历史记录画笔工具】的使用方法和技巧,能够使用这个工具来进行图像的创作。

2. 实例制作步骤

(1)启动 Photoshop CS6,打开素材文件夹 part4 中的"蓝色的花.jpg"文件。

(2)选择【图像】→【去色】命令,将图像变为黑白图像。

(3)按 Ctrl＋M 键打开【曲线】对话框,调整对话框中曲线的形状,以调整图像色彩,如图 4-30 所示。

(4)在【历史记录】面板中单击【创建新快照】按钮 ，创建图像当前状态的快照,如图 4-31 所示。

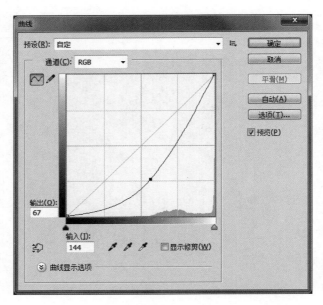

图 4-30　调整曲线的形状

图 4-31　建立快照

(5)在工具箱中选择【历史记录画笔工具】 ，使用【历史记录画笔工具】在图像中心的花朵上进行涂抹,恢复花朵本来的颜色,如图 4-32 所示。

(6)在【历史记录】面板中单击【快照 1】左侧的空白小窗,将恢复点设置为快照 1。使用【历史记录画笔工具】,在花心处涂抹,重新将花心涂抹为灰白色。本例最终效果如图 4-33 所示。

图 4-32　将中心花朵涂抹成原有颜色

图 4-33　重新设置恢复点

4.5　图像擦除工具

Photoshop 中的【橡皮擦工具】、【背景橡皮擦工具】和【魔术橡皮擦工具】能够用来在图像中清除不需要的部分，以对图像进行调整。

4.5.1　【橡皮擦工具】简介

【橡皮擦工具】 是基本的橡皮擦类工具，该工具用于擦除图像中的颜色。当使用该工具在背景图层中进行擦除时，被擦除的部分将用背景色填充。如果在普通图层中擦除，则被擦除部分会变为透明的。

【橡皮擦工具】的工具选项栏如图 4-34 所示。在工具选项栏中,可以进行【模式】、【不透明度】和【流量】等参数的设置。

图 4-34　【橡皮擦工具】的工具选项栏

4.5.2　【背景橡皮擦工具】简介

【背景橡皮擦工具】 可以用来将图像中的特定颜色擦除。使用该工具时,如果当前操作图层是背景图层,则可以将其转换为普通图层,也就是将图像直接擦除到透明。

【背景橡皮擦工具】的工具选项栏如图 4-35 所示。在工具选项栏中,可以进行擦除方式、模式、容差、前景色的保护设置。

图 4-35　【背景橡皮擦工具】的工具选项栏

4.5.3　【魔术橡皮擦工具】简介

【魔术橡皮擦工具】 能够用来擦除设定容差范围内的相邻颜色,图像擦除后可得到背景透明效果。使用【魔术橡皮擦工具】时,不需要拖动鼠标,只需要在图像中单击,即可擦除图像中所有相近的颜色区域。

【魔术橡皮擦工具】的工具选项栏如图 4-36 所示。在工具选项栏中,可以进行【容差】、【消除锯齿】、【连续】、【对所有图层取样】及【不透明度】的设置。

图 4-36　【魔术橡皮擦工具】的工具选项栏

4.5.4　擦除工具应用实例——空中城堡

1. 实例简介

本实例将制作一个在云朵中若隐若现的城堡效果。在实例制作过程中,使用【移动工具】放置素材图片。使用【魔术橡皮擦工具】来擦除大面积的图像背景,使用【橡皮擦工具】来擦除素材中的背景,并对保留部分的边界进行修改。复制云朵,使用不同不透明度设置的【橡皮擦工具】来擦拭云朵,以获得不同的透明效果。

通过本实例的制作,读者将掌握【魔术橡皮擦工具】和【橡皮擦工具】的使用方法,了解使用这两个工具来获得对象并在图像合成时使不同图像融合的技巧。

2. 实例制作步骤

(1)启动 Photoshop CS6,分别打开素材文件夹 part4 中的"天空.jpg"和 part4 中的"城堡.jpg"文件。

(2)在工具箱中选择【移动工具】,将"城堡.jpg"图片拖放到"天空.jpg"文档窗口的右上角,下面的操作将在"天空.jpg"文档窗口中进行。

（3）在工具箱中选择【魔术橡皮擦工具】。在工具选项栏中设置【容差】为 20,其他设置如图 4-37 所示。

图 4-37　【魔术橡皮擦工具】工具选项栏的设置

（4）在【图层】面板的【背景】图层前面单击,取消缩略图前的 ,使该图层不可见。使用【魔术橡皮擦工具】在城堡所在图层的天空处单击,擦除该图层中的天空,如图 4-38 所示。

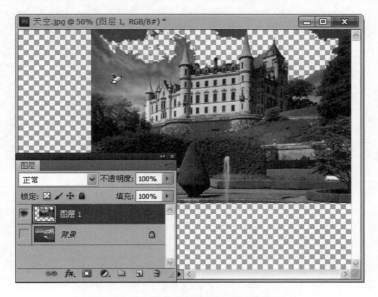

图 4-38　使用【魔术橡皮擦工具】擦除天空

　　专家点拨：在操作时,可根据需要增大或减小工具的【容差】值,以获得更为准确的擦除效果。对于靠近城堡边缘的天空,使用【魔术橡皮擦工具】擦除容易对城堡图像造成误擦除。可将其保留,留待后面使用【橡皮擦工具】来擦除。

（5）在工具箱中选择【橡皮擦工具】。在工具选项栏中选择一个较大的画笔笔尖,同时设置其他选项,如图 4-39 所示。

图 4-39　【橡皮擦工具】工具选项栏的设置

（6）使用【橡皮擦工具】擦除城堡周围的树木,同时擦除天空中残留的色块;放大图像,设置较小的画笔笔尖,擦除掉城堡边缘残留的天空背景;将图像进一步放大,使用较小的笔尖,擦除城堡边缘可能残留的色块。完成擦除,使【背景】图层可见。此时图像的效果如图 4-40 所示。

（7）在【图层】面板中选择【背景】图层。在工具箱中选择【矩形选框工具】。在工具选项栏中将【羽化】值设置为 5。在【背景】图层中创建矩形选框,框选图像中的云朵,如图 4-41 所示。

图 4-40　完成擦除后的图像效果

图 4-41　框选云朵

　　(8) 按 Ctrl＋C 键复制选区中的图像,然后按 Ctrl＋V 键粘贴图像。此时,图像会被粘贴在一个新图层【图层 2】中。将该图层拖放到【图层】面板的最顶端。使用【移动工具】移动图像的位置,如图 4-42 所示。

图 4-42　移动粘贴图像

（9）在工具箱中选择【橡皮擦工具】。在工具选项栏中将工具的【不透明度】设置为
30%。在复制对象周边进行涂抹，使云朵与图像自然融合。采用相同的方法，在【背景】图层
中框选云朵，复制云朵到新的图层中。使用【橡皮擦工具】以不同的不透明度涂抹云朵，使云
朵融入背景并获得城堡在云层中若隐若现的效果，如图 4-43 所示。

图 4-43　云朵与背景融合

（10）在工具箱中再次选择【橡皮擦工具】。在工具选项栏中设置一个较大的画笔笔尖，将【不透明度】设置为 20％。在【图层】面板中选择城堡所在的图层【图层 1】，使用【橡皮擦工具】在城堡上涂抹一次，使城堡图像融入云层。合并图层，保存文件后完成本实例的制作。本实例的最终效果如图 4-44 所示。

图 4-44　本实例的最终效果

4.6　图章工具

在使用 Photoshop 进行设计创作时，往往需要将图像的某一部分进行复制，这可以使用图章工具来完成。Photoshop 的图章工具包括【仿制图章工具】和【图案图章工具】。

4.6.1　【仿制图章工具】简介

【仿制图章工具】可以将图像中的全部或部分复制到当前图像或其他图像中。【仿制图章工具】和【画笔工具】类似。【画笔工具】使用指定的颜色来绘制，而【仿制图章工具】是仿制取样点处的图像来进行绘制。

在工具箱中选择【仿制图章工具】，按住 Alt 键并在需要复制的图像上单击，以创建仿制取样点，然后将鼠标指针置于目标位置，拖动鼠标即可将图像复制到目标位置。

【仿制图章工具】的工具选项栏如图 4-45 所示。在工具选项栏中，可以进行【模式】、【不透明度】、【流量】、【对齐】以及【样本】的设置。当勾选【对齐】复选框时，在图像中多次拖动鼠标，绘制的将是同一幅图像，否则会每次都从取样点重新绘制图像。

图 4-45 【仿制图章工具】的工具选项栏

4.6.2 【图案图章工具】简介

工具箱中的【图案图章工具】是用来绘制已有图案的。在工具箱中选择【图案图章工具】。在工具选项栏中选择需要复制的图案,然后将鼠标指针置于图像中,拖动鼠标,即可将选择的图案绘制在图像中。

【图案图章工具】的工具选项栏如图 4-46 所示。在工具选项栏中可以进行【模式】、【不透明度】、【流量】、【图案】、【对齐】及【印象派效果】的设置。当勾选【对齐】复选框时,在图像中多次拖动鼠标,图案将整齐排列,否则图案将无序地散落于图像中。当勾选【印象派效果】复选框时,复制的图案将产生扭曲模糊效果。

图 4-46 【图案图章工具】的工具选项栏

4.6.3 功能强大的【仿制源】面板

使用【仿制源】面板能够精确地对复制操作进行设置,实现对复制对象大小、旋转角度或偏移量的修改。使用【仿制源】面板能够使图像的复制更为直观,操作更为便捷,获得更多的复制效果。

选择【窗口】→【仿制源】命令可打开【仿制源】面板,如图 4-47 所示。使用该面板能够同时设置多个仿制源,并对仿制对象进行缩放和旋转。

图 4-47 【仿制源】面板

4.6.4 图章工具应用实例——幻境

1. 实例简介

本实例将使用【仿制图章工具】复制图像并创建图像特效。在实例的制作过程中,使用【仿制图章工具】将素材中的图像复制到作品中。通过工具选项栏中的【不透明度】和【模式】设置来获得需要的图像效果。同时,结合【仿制源】面板,可在复制图像时直接获得图像的缩放和旋转效果。

通过本实例的制作,读者将掌握【仿制图章工具】的使用方法,同时了解使用【仿制图章工具】来获得不同复制效果的技巧,体会【仿制图章工具】和【仿制源】面板相结合所带来的便利。

2. 实例制作步骤

(1) 启动 Photoshop CS6,打开素材文件夹 part4 中的"幻境. psd"文件和 part4 中的"星球 1. jpg"文件。

(2) 在工具箱中选择【仿制图章工具】,在工具选项栏中将工具的【不透明度】设置为

60％,在【模式】下拉列表框中选择【滤色】选项,其他参数设置如图 4-48 所示。

图 4-48　【仿制图章工具】工具选项栏的设置

（3）在"星球 1.jpg"文档窗口中,按住 Alt 键并在图像的星球中心单击,创建仿制取样点。打开【仿制源】面板。在面板中设置 W(宽)和 H(高)的值,同时设置复制时的旋转角度,如图 4-49 所示。

图 4-49　【仿制源】面板的设置

（4）单击"幻境.psd"文档窗口,使用【仿制图章工具】在图像的右上角涂抹,复制星球。此时复制的效果如图 4-50 所示。

（5）打开素材文件夹 part4 中的"星球 2.jpg"文件,在图像中星球的中心处按住 Alt 键并单击,以创建仿制取样点。

（6）在【仿制源】面板中单击第二个【仿制源】按钮,设置 H 和 W 的值,同时将复制对象的旋转角度设置为 90°,如图 4-51 所示。

图 4-50　涂抹复制图像

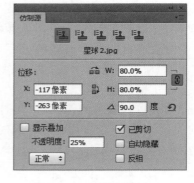

图 4-51　仿制源的设置

（7）在工具选项栏中将【不透明度】的值设置为 80％,其他设置如图 4-52 所示。

图 4-52　设置【不透明度】的值

（8）再次单击"幻境.psd"文档窗口的标题栏,使用【仿制图章工具】在图像的左上角涂抹,再添加一个星球效果,如图 4-53 所示。

（9）打开素材文件夹 part4 中的"星球 3.jpg"文件。选择【仿制图章工具】,按住 Alt 键并在星球中心处单击,创建仿制采样点。

（10）在【仿制图章工具】的工具选项栏中将【不透明度】改为 40％,【模式】仍然使用【滤色】。在图像"幻境.psd"中复制星球。至此,本实例制作完成。保存文件,完成本实例的制作。本实例的最终效果如图 4-54 所示。

图 4-53 再添加一个星球效果   图 4-54 本实例的最终效果

4.7 图像润饰工具

图像的修饰是 Photoshop 的一个传统功能，用来营造更好的图像效果或对数码照片中的瑕疵进行修改，是使用 Photoshop 时经常用到的功能。Photoshop 为图像的润饰提供了多种工具，下面就对这些工具的使用进行介绍。

Photoshop 为方便图像的润饰工作提供了多种操作工具，使用这些工具能够方便地实现对图像的修饰、去除图像中的瑕疵以及创建一些特定的图像效果等。

4.7.1 修补工具

为了方便对图像中的瑕疵进行修改，Photoshop 提供了各种图像修补工具，这些工具均能根据图像的质感对图像进行修复。在使用这些工具时，实际上就是通过对图像进行复制来实现图像的局部修改。工具能够先行自动比较图像中像素的颜色，然后再进行复制工作，从而获得自然的图像修复效果。Photoshop 提供用于图像修补的工具，如图 4-55 所示。

4.7.2 模糊、锐化和涂抹效果

Photoshop 的【模糊工具】、【锐化工具】和【涂抹工具】在同一个工具组中，如图 4-56 所示。

4.7.3 【减淡工具】、【加深工具】和【海绵工具】

为了使用户方便地改善图像的效果，Photoshop 提供了【减淡工具】、【加深工具】和【海绵工具】。这些工具在工具箱中的位置如图 4-57 所示。

图 4-55 Photoshop 的图像   图 4-56 工具箱中的【模糊   图 4-57 工具箱中的【减淡
修补工具   工具】等   工具】等

Photoshop 的强大功能使其对数码照片的处理也是游刃有余。使用各种修复工具能够很方便地修补有瑕疵的数码照片,比如对人像进行消除皱纹、去除眼影、加亮眼神、增强嘴唇效果、美化皮肤等操作。

4.8　本章小结

　　对图像的编辑和修饰是平面设计中一个永恒的任务。Photoshop 为完成图像的编辑和修饰工作提供了丰富的工具。这些工具能够完成从图像大小的改变、图像整体或局部的复制、图像背景的删除到图像的修饰等诸多任务。本章详细介绍了这些工具的特性及使用方法和技巧。通过本章的学习,读者能够掌握使用各种工具进行图像编辑和修改的技能,了解这些工具的使用方法和技巧,为完成各种设计任务打下坚实的基础。

4.9　本章习题

一、填空题

1. 在 Photoshop 中,裁剪是_____部分图像以加强构图效果的过程。

2. 在 Photoshop 中,擦除工具有【橡皮擦工具】、【_____】和【魔术橡皮擦工具】。

3. 在对对象进行自由变换时,按_____键拖动变换框上的控制柄能够实现自由扭曲变换。按_____键拖动变换框上的控制柄,可以实现斜切变换。按_____键拖动变换框角上的控制柄,可以实现透视变换。

4. Photoshop 的【历史记录画笔工具】和【历史记录艺术画笔工具】都属于_____。

5. Photoshop 的图章工具包括【仿制图章工具】和_____。

二、选择题

1. 【自由变换】工具的快捷键是(　　)。
   A. Ctrl+T　　　　　　B. Ctrl+B　　　　　　C. Alt+T　　　　　　D. Alt+B

2. 使用【自由变换】工具后,如果需要对单个角进行调整,需要按住(　　)键进行操作。
   A. Ctrl　　　　　　B. Shift　　　　　　C. Alt　　　　　　D. Space

3. 【变换】子菜单位于(　　)菜单中。
   A. 图像　　　　　　B. 文件　　　　　　C. 编辑　　　　　　D. 选择

4. 【历史记录】面板存储的历史记录条数,默认为(　　)条。
   A. 200　　　　　　B. 10　　　　　　C. 50　　　　　　D. 20

5. 使用【背景橡皮擦工具】时,欲擦除图像中任意位置的颜色,应该在工具选项栏中如何设置?(　　)
   A. 将【容差】值设为 50　　　　　　B. 将【限制】设置为【不连续】
   C. 将【限制】设置为【连续】　　　　D. 将【限制】设置为【查找边缘】

6. 在使用【仿制图章工具】复制图像时,需要进行规则复制,应在工具选项栏中进行怎样的设置?(　　)
   A. 在【模式】下拉列表框中选择【正常】　　B. 将【流量】设置为 100%
   C. 勾选【对齐】复选框　　　　　　　　　　D. 不用设置

4.10 上机练习

练习1 数码照片的润饰

打开素材文件夹 part4 中的"练习 1 素材.bmp"文件,如图 4-58 所示。使用 Photoshop 提供的工具对人像素材进行修饰。

图 4-58 需处理的照片

以下是主要制作步骤提示。

(1) 使用【模糊工具】修复面部的斑点。

(2) 使用【加深工具】加深人物眉毛。

(3) 使用【减淡工具】加亮右脸。

(4) 使用【修复画笔工具】消除发际的白色斑纹。

练习2 漫天礼花

打开素材文件夹 part4 中的"练习 2 素材.jpg"文件,为照片添加更多的烟花,如图 4-59 所示。

图 4-59 为照片添加更多的烟花

以下是主要制作步骤提示。

（1）选择【仿制图章工具】，打开【仿制源】面板，以图片中的礼花作为仿制源。

（2）分别设置不同的仿制比例、旋转角度以及不透明度，使用【仿制图章工具】在图片中复制多个礼花。

练习 3　制作水墨画

打开素材文件夹 part4 中的"练习 3 素材.bmp"文件，参照此文件绘制水墨画。效果如图 4-60 所示。

图 4-60　绘制水墨画效果

以下是主要制作步骤提示。

（1）使用绘图工具在不同的图层中绘制不同位置的竹子、太阳和云彩。

（2）综合使用【模糊工具】和【减淡工具】等修饰工具对绘制的图形进行涂抹，以获得朦胧的水墨画效果。

第 5 章

图像的色彩

对于一幅 Photoshop 设计作品,除了创意、内容和布局外,图像的色彩和色调也是重要的设计因素。色彩可以产生对比效果,使图像更加美丽,使毫无生机的图像变得充满活力。Photoshop 提供了大量的图像色彩调整命令,为创建良好的图像色彩效果提供了便利。

本章介绍图像的色彩,主要包括以下内容。

- 图像颜色模式的转换。
- 图像色彩的调整。
- 图像色调的调整。

5.1 图像颜色模式的转换

颜色模式是图像的一个重要属性,它决定了用于显示和打印的颜色模型。颜色模式除了确定图像中显示的颜色数量外,还会对通道数和图像文件的大小产生影响。Photoshop 可以将图像从一种颜色模式转换为另一种模式。更改颜色模式时,图像中的颜色值将永远改变。

5.1.1 转换为灰度模式

将图像的颜色模式转换为灰度模式时,Photoshop 会丢失图像中所有的颜色信息。打开素材文件夹 part5 中的"花朵.jpg"文件。选择【图像】→【模式】→【灰度】命令,弹出【信息】对话框,如图 5-1 所示。单击【扔掉】按钮,可以将颜色模式转换为灰度模式,如图 5-2 所示。

图 5-1 【信息】对话框   图 5-2 将颜色模式转换为灰度模式后的图像效果

专家点拨：将彩色图像转换为灰度模式时，Photoshop 会打开【信息】对话框。【信息】对话框提示用户颜色信息将被丢弃。此时可直接单击【扔掉】按钮完成转换。

5.1.2　转换为位图模式

    位图模式使用黑、白两种颜色来表示图像中的像素，因此位图模式也称为黑白图像。在该图像模式下无法获得彩色图像，只能制作黑白图像效果。

    Photoshop 将图像转换为位图模式时会使图像的颜色减少到两种，它将删除图像中的饱和度和色相信息，只保留亮度信息，从而大大减少图像的颜色信息并减小文件的大小。要获得位图模式的图像，必须先将图像转换为灰度模式。

    打开素材文件夹 part5 中的"花朵.jpg"文件，将图像转换为灰度模式。选择【图像】→【模式】→【位图】命令，打开【位图】对话框，对转换效果进行设置，如图 5-3 所示。按照图 5-3 的参数设置获得的图像效果，如图 5-4 所示。

图 5-3　【位图】对话框

图 5-4　选择【扩散仿色】选项获得的效果

5.1.3　转换为双色调模式

    双色调模式指的是用两种颜色的油墨制作图像。使用该模式能够增加灰度图像的色调范围。在打印时，如果仅使用黑色油墨来打印灰度图像，效果将会很粗糙，但使用两种、三种或是四种油墨打印图像,效果就会好得多。

　　打开素材文件夹 part5 中的"鲜花.jpg"文件,选择【图像】→【模式】→【灰度】命令,将文件转换为灰度图。再选择【图像】→【模式】→【双色调】命令,打开【双色调选项】对话框,使用该对话框设置油墨颜色,如图 5-5 所示。按图 5-5 的参数设置转换图像模式,获得的图像效果如图 5-6 所示。

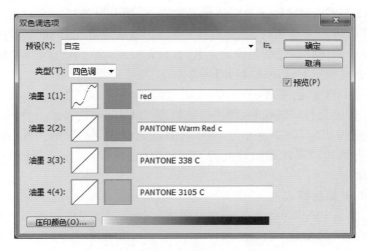

图 5-5　【双色调选项】对话框

图 5-6　色彩模式转换后的效果

5.1.4　其他颜色模式的转换

　　Photoshop 还能实现索引颜色模式、RGB 颜色模式和 CMYK 颜色模式等多种颜色模式的转换,下面分别进行介绍。

1. 转换为索引颜色模式

　　索引颜色模式的图像是单通道图像,使用 256 色。在转换为索引颜色时,Photoshop 会创建一个颜色表,用于存放并索引图像中的颜色。如果某种颜色没有出现在索引表中,那么程序会选择已有颜色中与之最接近的颜色来模拟该颜色。这种模式只能提供有限的编辑能力,因此在 Photoshop 中,如果要对图像进行进一步编辑修改,应该将图像转换为 RGB 颜色模式。同时,只有 RGB 颜色模式或灰度颜色模式的图像才能够转换为索引颜色模式。

要将图像转换为索引颜色模式,选择【图像】→【模式】→【索引颜色】命令即可。

2. 转换为 RGB 颜色模式

Photoshop 的 RGB 颜色模式为每个像素的 R、G 和 B 分配了一个 0～255 范围内的强度值,RGB 模式的图像只使用红、绿和蓝 3 种颜色,但在屏幕上却能显示 1670 万种颜色。新建的 Photoshop 图像默认的颜色模式是 RGB 颜色模式。要将图像转换为这种颜色模式,只需选择【图像】→【模式】→【RGB 颜色】命令。

3. 转换为 CMYK 颜色模式

当需要使用印刷色打印图像时,图像应该使用 CMYK 颜色模式。将 RGB 颜色模式转换为 CMYK 颜色模式时,会产生分色。在 RGB 颜色模式下编辑的图像,在打印前最好转换为 CMYK 颜色模式。要将图像转换为 CMYK 颜色模式,只需选择【图像】→【模式】→【CMYK 颜色】命令。

4. 转换为 Lab 颜色模式

Lab 颜色模式是 Photoshop 在不同颜色模式间转换时使用的内部颜色模式,它能够实现不同系统和平台间的无偏差转换。其中,L 代表光亮度分量,范围为 0～100。a 代表从绿到红的光谱变化,b 代表从蓝到黄的光谱变化,两者的取值范围都为 −120～+120。计算机在将 RGB 颜色模式转换为 CMYK 颜色模式时,实际上是先转换为 Lab 颜色模式,然后再转换为 CMYK 颜色模式。图像处于 Lab 颜色模式时,可以单独编辑其中的亮度和颜色值。选择【图像】→【模式】→【Lab 颜色】命令,可以将图像转换为 Lab 颜色模式。

5. 多通道模式

多通道模式将在每个通道中使用 256 级的灰度级。在 Photoshop 中,能够将具有一个以上通道合成的图像转换为多通道模式,原来的通道将转换为专色通道。选择【图像】→【模式】→【多通道】命令,能够将图像的颜色模式转换为多通道模式。

6. 设置通道位数

选择【图像】→【模式】→【8 位/通道】命令,可将图像转换为 8 位每通道的图像。所谓的 8 位每通道指的是图像的每个通道的灰阶数为 256,即 8 位。在大多数情况下,RGB、CMYK 和灰度图像都是这种模式,即每个颜色通道包含 8 位数据。对于 RGB 图像的 3 个通道来说,其为 24 位深度,即 8 位×3 通道。其转换为灰度颜色模式后为 8 位深度,即 8 位×1 通道,转换为 CMYK 颜色模式后为 32 位深度,即 8 位×4 通道。

选择【图像】→【模式】→【16 位/通道】命令,能够将图像转换为 16 位每通道的颜色模式,其能提供更为精细的颜色区分,但文件比 8 位每通道时要大。选择【图像】→【模式】→【32 位/通道】命令,也能将图像转换为 32 位每通道的颜色模式。

5.2　图像色彩的调整

完美的设计作品离不开色彩的搭配和设计。Photoshop 提供了大量的命令,用于色彩的调整和搭配,这为创作色彩丰富的设计作品提供了便利。

5.2.1 【色相/饱和度】命令

　　【色相/饱和度】命令可以用来调整图像中单个颜色成分的色相、饱和度和明度。通过调整色相,可以改变颜色;调整饱和度,可以改变颜色的纯度;调整明度,可以改变图像的明亮程度。

　　选择【图像】→【调整】→【色相/饱和度】命令,可打开【色相/饱和度】对话框。拖动其中的滑块,可对图像的色相、饱和度和明度进行调整,如图 5-7 所示。

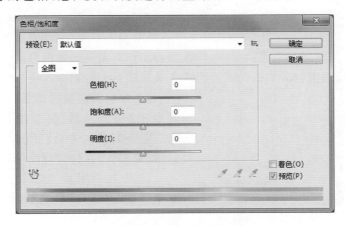

图 5-7 　【色相/饱和度】对话框

5.2.2 【替换颜色】命令

　　【替换颜色】命令可以用于在图像中选择颜色,对所选颜色的色相、饱和度和明度进行调整。选择【图像】→【调整】→【替换颜色】命令,打开【替换颜色】对话框,如图 5-8 所示。使用该对话框,可选择图像中相近的颜色,并调整该颜色的色相和饱和度。

5.2.3 【匹配颜色】命令

　　Photoshop 的【匹配颜色】命令可以用来实现不同图像间、相同图像的不同图层间或多个颜色选区间的颜色的匹配。使用该命令,能够通过改变亮度和色彩范围,以及中和色痕来调整图像中的颜色。在使用该命令前,应该准备好用于匹配的源图像,或创建源图像选区,或者在图层中建立要匹配的选区。选择【图像】→【调整】→【匹配颜色】命令,可打开【匹配颜色】对话框,如图 5-9 所示。

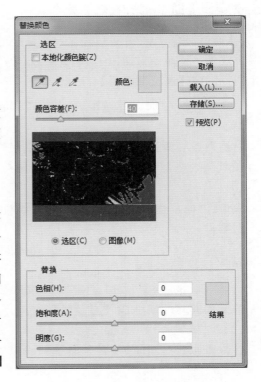

图 5-8 　【替换颜色】对话框

图 5-9 【匹配颜色】对话框

5.2.4 【通道混合器】命令

【通道混合器】命令可以用来改变某些通道的颜色，并将其混合到主通道中，以产生图像混合效果。该命令只能用于 RGB 图像和灰度图像。选择【图像】→【调整】→【通道混合器】命令，可打开【通道混合器】对话框，如图 5-10 所示。

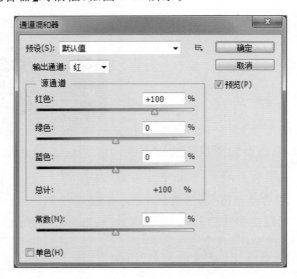

图 5-10 【通道混合器】对话框

5.2.5　【渐变映射】命令

　　【渐变映射】命令能够用来将图像中的最暗色调映射为一组渐变色的最暗色调,将图像中的最亮色调映射为渐变色的最亮色调,从而将图像的色阶映射为一组渐变色的色阶。选择【图像】→【调整】→【渐变映射】命令,将打开【渐变映射】对话框,如图 5-11 所示。

5.2.6　【照片滤镜】命令

　　【照片滤镜】命令可以用来模拟传统相机镜头前加装滤色片后获得的照片效果。在传统相机镜头前加装滤色片,可以调整通过镜头传递的光线的色彩平衡和色温。选择【图像】→【调整】→【照片滤镜】命令,可打开【照片滤镜】对话框,如图 5-12 所示。

图 5-11　【渐变映射】对话框　　　　　　图 5-12　【照片滤镜】对话框

5.2.7　【阴影/高光】命令

　　【阴影/高光】命令是 Photoshop 专为数码照片的处理而设置的命令。该命令能够通过将数码照片中的阴影区域加亮来校正由于逆光拍摄而形成的有缺陷的数码照片。选择【图像】→【调整】→【阴影/高光】命令,可打开【阴影/高光】对话框,如图 5-13 所示。

5.2.8　【曝光度】命令

　　使用【曝光度】命令,能够调整照片的曝光度。选择【图像】→【调整】→【曝光度】命令,可打开【曝光度】对话框,如图 5-14 所示。

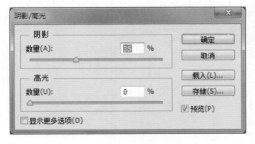

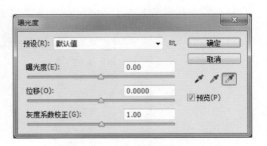

图 5-13　【阴影/高光】对话框　　　　　　图 5-14　【曝光度】对话框

5.2.9　【黑白】命令

　　这是 Photoshop CS6 的一个新增的命令,使用该命令能够方便、快捷地创建黑白照片效果。选择【图像】→【调整】→【黑白】命令,可打开【黑白】对话框,如图 5-15 所示。

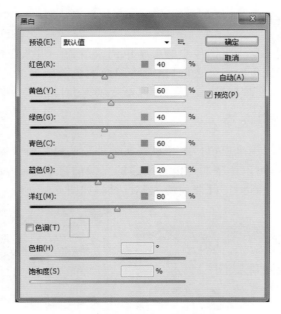

图 5-15 【黑白】对话框

5.2.10 色彩调整应用实例——雨之吻

1. 实例简介

本实例介绍一款图像效果的制作过程。在本实例的制作过程中，首先在图像中放置素材图片，并使用【自由变换】命令调整素材图片的大小，形成错落的版面布局。然后利用色彩调整命令对素材图片的色彩进行调整，创造需要的颜色效果。最后使用【横排文字工具】为图像添加文字。

通过本实例的制作，读者将掌握使用【色相/饱和度】命令和【通道混合器】命令调出不同色彩效果的方法，同时了解作品中素材布局的方法和版面设计的技巧。

2. 实例制作步骤

（1）启动 Photoshop CS6，新建一个名为"雨之吻"的空白文档，如图 5-16 所示。

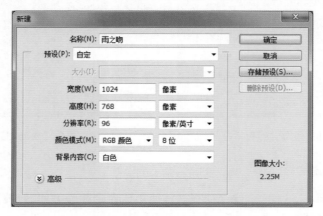

图 5-16 【新建】对话框

（2）选择【视图】→【标尺】命令，在文档窗口中显示出标尺。分别打开素材文件夹 part5 中的"水珠 1.jpg"文件、"水珠 2.jpg"文件、"水珠 3.jpg"文件和"水珠 4.jpg"文件。

（3）在工具箱中选择【移动工具】，将"水珠 1.jpg"文件拖放到新建的"雨之吻"文档窗口中。此时，Photoshop 会自动创建包含该图像的图层，如图 5-17 所示。

图 5-17　将素材图像拖放到文档窗口中

（4）选择【编辑】→【自由变换】命令，在文档窗口中拖动控制柄，来调整图像大小。同时，调整图像在窗口中的位置，如图 5-18 所示。

图 5-18　图像变换

（5）在"水珠 2.jpg"文件中，使用【裁剪工具】对图片进行裁剪。

（6）将裁剪好的图像拖放到"雨之吻"文档窗口中，然后使用【自由变换】命令调整图片的大小和位置，如图 5-19 所示。

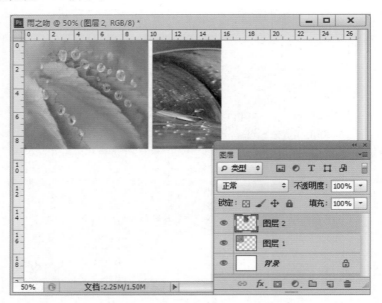

图 5-19　调整素材图片的大小和位置

（7）按照同样的方法，先对"水珠 3.jpg"文件进行裁剪，然后将其放置到"雨之吻"文档窗口中，并调整其大小和位置。

（8）将"水珠 4.jpg"文件直接拖放到"雨之吻"文档窗口中，使用【自由变换】命令调整其大小和位置，如图 5-20 所示。

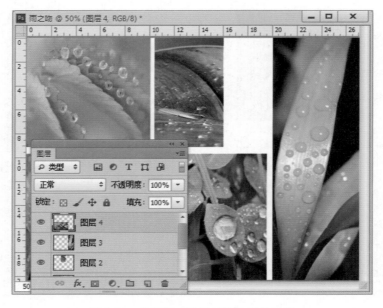

图 5-20　放置第 4 张素材图片后的效果

（9）在工具箱中选择【矩形选框工具】，使用该工具创建一个和素材图片间的边条等宽的矩形选框，将其拖放到"水珠 4.jpg"文件上。按 Delete 键删除选区内容，得到白色的切割线，如图 5-21 所示。按 Ctrl＋D 键取消选区的选择。至此，图像的布局工作完成。

图 5-21　创建白色的切割线

（10）在【图层】面板中选择【图层 1】。选择【图像】→【调整】→【通道混合器】命令，打开【通道混合器】对话框。在【输出通道】下拉列表框中选择【红】选项，对红色通道颜色进行调整，如图 5-22 所示。

（11）在【通道混合器】对话框的【输出通道】下拉列表框中选择【绿】选项，对绿色通道颜色进行调整，如图 5-23 所示。

图 5-22　对红色通道颜色进行调整　　　图 5-23　对绿色通道颜色进行调整

（12）在【通道混合器】对话框的【输出通道】下拉列表框中选择【蓝】选项，对蓝色通道颜色进行调整，如图 5-24 所示。

图 5-24　对蓝色通道颜色进行调整

　　（13）调整效果满意后，单击【确定】按钮，关闭【通道混合器】对话框。【图层 1】中图像的效果如图 5-25 所示。

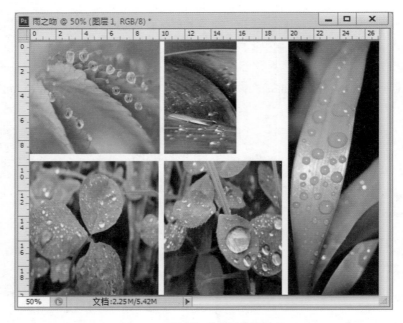

图 5-25　【图层 1】中图像的效果

　　（14）在【图层】面板中选择【图层 2】。选择【图像】→【调整】→【色相/饱和度】命令，打开【色相/饱和度】对话框。对整个图像的色相、饱和度和明度进行调整，如图 5-26 所示。

图 5-26　【色相/饱和度】对话框中参数的设置

（15）单击【确定】按钮，关闭【色相/饱和度】对话框。此时【图层 2】中图像的效果如图 5-27 所示。

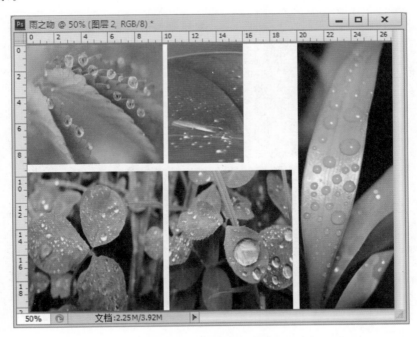

图 5-27　【图层 2】中图像的效果

（16）在【图层】面板中选择【图层 3】。选择【图像】→【调整】→【色相/饱和度】命令，打开【色相/饱和度】对话框。在对话框的【编辑】下拉列表框中选择【绿色】选项。拖动滑块，调整【色相】、【饱和度】和【明度】的值。同时，调整对话框下方色谱右侧色相与饱和度的颜色范围，如图 5-28 所示。

图 5-28 【色相/饱和度】对话框

（17）单击【确定】按钮，关闭【色相/饱和度】对话框。此时【图层 3】中图像的效果如图 5-29 所示。

图 5-29 调整色相和饱和度后的图像效果

（18）在【图层】面板中选择【背景】图层，将背景色设置为黑色，以背景色填充【背景】图层，将背景变为黑色。

（19）在工具箱中选择【横排文字工具】，在图像中输入文字。

（20）按 Ctrl＋Shift＋E 键合并所有图层。最后保存文档，完成本实例的制作。本实例的最终效果如图 5-30 所示。

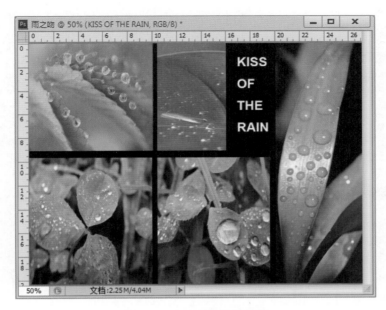

图 5-30　本实例的最终效果

5.3　图像色调的调整

图像色调的调整就是对图像明暗程度进行调整。通过对图像色调的调整能够获得不同的图像效果。

5.3.1　色阶调整

所谓色阶,是指在各种颜色模式下图像原色的明暗度。对色阶进行调整实际上就是对这个明暗度进行调整。其范围为 0～255,共 256 种色阶。对于灰度模式来说,从白色到黑色被划分为 256 个色阶,其变化由白到灰,再由灰到黑。RGB 颜色模式的彩色图像的色阶代表图像中红、绿和蓝三原色的明暗度。

Photoshop 提供了用于色阶调整的【色阶】命令。该命令能够调整整幅图像的色阶或对某个选区的色阶进行调整。选择【图像】→【调整】→【色阶】命令,能够打开【色阶】对话框,如图 5-31 所示。

1. 通道的选择

在【色阶】对话框中,【通道】下拉列表框用于设置待调整色阶的颜色通道。对于 RGB 颜色模式的图像来说,该下拉列表框中的选项包括【RGB】、【红】、【绿】和【蓝】。

2. 输入色阶的调整

在【输入色阶】选项组中,占主体位置的是一个直方图。该直方图可以直观地显示图像中不同亮度像素的分布范围和数量。直方图的横轴表示亮度取值范围,其值为 0～255,从左向右逐渐增大。纵轴表示像素的数量,其高度标识某个亮度值所对应的像素的多少。

在直方图的下方有 3 个滑块,分别是左侧的黑色滑块 ◣、右侧的白色滑块 ◁ 和中间的灰色滑块 ◤。黑色滑块的位置指定了图像中最暗处的像素的位置,白色滑块的位置指定了图像中最亮处的像素的位置,灰色滑块的位置指定了图像中中间亮度的像素的位置。

在直方图下方有 3 个文本框,其中的数值分别与黑色、灰色和白色滑块的位置相对应。直接在相应的文本框中输入数值,可以改变滑块的位置,如图 5-32 所示。

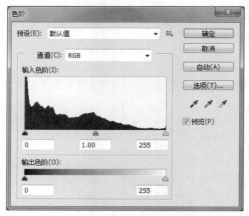

图 5-31　【色阶】对话框

图 5-32　直方图

3. 准确设置黑、白场

若要准确地设置图像中最暗处和最亮处的色调,也就是设置黑场和白场,可以通过【色阶】对话框中的吸管工具来实现。3 个吸管按钮依次为设置黑场工具、设置灰场工具和设置白场工具。

选择设置黑场工具 ，在图像中单击,则图像中最暗的亮度值将被定义为该单击处像素的亮度值,所有比它更暗的像素都将变为黑色。

选择设置灰场工具 ，在图像中单击,单击点颜色的亮度将成为图像中间色调范围的平均亮度。

选择设置白场工具 ，在图像中单击,则图像中最亮的亮度值将被定义为该单击处像素的亮度值,所有比它更亮的像素都将变为白色。

4. 输出色阶的调整

通过设置【输出色阶】,也可以实现对图像色调的调整。向右拖动【输出色阶】上的黑色滑块,其下方对应文本框中的数值将增大,图像会随着滑块位置的改变而变亮。之所以会产生这样的效果,是因为 Photoshop 在输出时,将这里的黑色滑块所指定的亮度值作为了图像的最低亮度值。增大此值,图像的亮度将随之增加。

如果是向左拖动白色滑块,【输出色阶】下对应的文本框的数值会减小,此时图像会变暗。在改变白色滑块的位置时,Photoshop 会将其指定的亮度值作为图像的最高亮度。向左拖动该滑块,图像自然会变暗。

5. 其他设置项

在【色阶】对话框中,单击【自动】按钮,Photoshop 将自动调整图像的色阶,使图像的亮度分布均匀。【自动】按钮适用于简单的灰度图像和像素值比较平均的图像。对于复杂图像来说,只有使用手动调整才能获得准确的效果。

单击【选项】按钮,可打开【自动颜色校正选项】对话框,如图 5-33 所示。使用该对话框可设置色阶调整的算法以及黑点和白点所占的比例,改变自动色阶调整的效果。

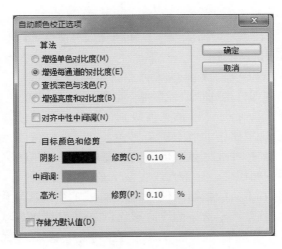

图 5-33 【自动颜色校正选项】对话框

单击【色阶】对话框中的 ⊟ 按钮,在弹出的快捷菜单中选择【存储预设】命令,可将当前的设置参数以 ALV 文件的形式保存,在需要时可直接载入使用。单击【载入预设】按钮,可载入色阶参数文件。

按住 Alt 键,【取消】按钮将变为【复位】按钮,此时单击该按钮可将参数恢复到初始状态。

5.3.2 曲线调整

与【色阶】命令类似,【曲线】命令同样能调整图像的色调。但与【色阶】命令不同,【曲线】命令对色调的调整不是使用黑场、白场和灰点这 3 个变量,而是使用 0~255 范围内的任意点来进行调节。因此,在对图像进行调整时,它比【色阶】命令更为准确,更为灵活。

选择【图像】→【调整】→【曲线】命令,可打开【曲线】对话框,如图 5-34 所示。

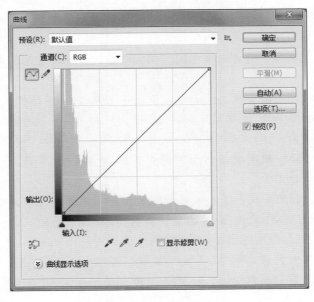

图 5-34 【曲线】对话框

1. 使用预置方案

Photoshop 自带了多种预设的曲线方案。在【曲线】对话框的【预设】下拉列表框中可选择这些方案,直接将其应用于图像。

2. 曲线区域的结构

【曲线】对话框的主体部分是一个曲线区域,横轴是一个水平的色调带,表示原始图像中像素的亮度,即输入色阶,具有 0~255 的亮度级别。纵轴的垂直色调带表示调整后图像中像素的亮度,即输出色阶。

在打开【曲线】对话框时,曲线区域会出现一条夹角为 45°的直线,这意味着图像中像素的输入和输出亮度是对应相同的。这条直线在左下角和右上角各有一个控制点,左下角的控制点代表图像的暗调,右上角的控制点代表高光,曲线的中间区域代表图像的中间调。使用曲线对图像进行调整,就是调整这条曲线的形状,来改变像素的输入、输出亮度的过程。

🔲**专家点拨**:在曲线区域中,显示出了原始图像的直方图,以便用户了解原始图像的像素亮度分布情况。

3. 曲线形状及其效果

在曲线上单击可创建一个控制点,拖动该控制点可以改变曲线的形状。将鼠标指针置于曲线上然后移动鼠标,也可以改变曲线的形状。通过在曲线上单击创建的控制点处于锁定状态,移动曲线时,该控制点的位置不会改变。如果需要删除该控制点,只需在选择该点后按 Delete 键或将其拖到曲线区域外即可。

不同形状的曲线可以带来不同的图像效果。

- 加亮图像。向上拖动曲线,能够将图像加亮。
- 压暗图像。向下拖动曲线,图像会变暗。

🔲**专家点拨**:对于曲线上的某个控制点来说,向上移动意味着加亮图像,向下移动意味着压暗图像。加亮的最大值为 255,减暗的最大值为 0。选择某个控制点后,【输入】和【输出】文本框可用。其中的数值将会随着控制点的位置变化而改变,显示该点的输入亮度和输出亮度的值。通过在该文本框中输入数值,可以直接改变所选控制点的位置。

- 增强图像反差。在曲线的中间创建控制点,然后在曲线的上、下部分分别拖动曲线,以获得 S 形的曲线。这种曲线可同时扩大图像的亮部和暗部的像素范围,提高图像的反差。
- 增加亮部和暗部层次。在曲线的中间创建一个控制点,将该控制点上部的曲线和下部的曲线均略微上移,抬高这两段曲线,使曲线呈 M 形。此时,图像的亮部和暗部的层次都会增强。
- 特殊的图像效果。将曲线调整为不同的形状,能够创建不同的图像效果,有时能获得特别的颜色效果。

🔲**专家点拨**:在具有多个控制点的曲线上,按 Ctrl＋Tab 键可依次向前选择控制点,按 Ctrl＋Shift＋Tab 键可依次向后选择控制点。按 Shift 键并单击控制点,可同时选择多个控制点。

4. 绘制曲线

单击【曲线】对话框中的铅笔按钮,使其处于按下状态,可以使用该工具直接在曲线区域中绘制曲线。绘制后的曲线即为调整后的曲线形状,如图 5-35 所示。此时对话框中的【平滑】按钮可用。单击该按钮可使绘制的曲线成为平滑曲线，如图 5-36 所示。

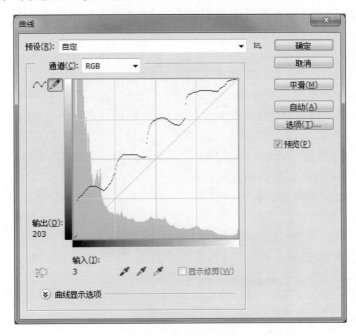

图 5-35　绘制曲线形状

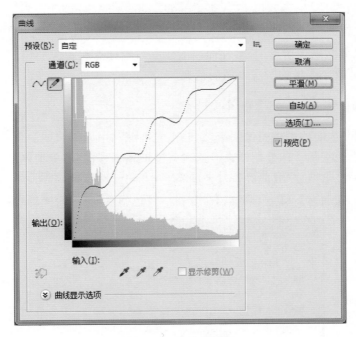

图 5-36　使曲线平滑

5. 精确调整图像色调

若对图像的色调分布把握不准，可将鼠标指针放置到图像中，此时鼠标指针将变为吸管形状。此时,若按住鼠标左键,就会在曲线上出现一个小圆圈。小圆圈的位置即为图像中该取样点在曲线上的位置,【输入】和【输出】文本框中将显示该取样点的输入和输出亮度值,如图 5-37 所示。

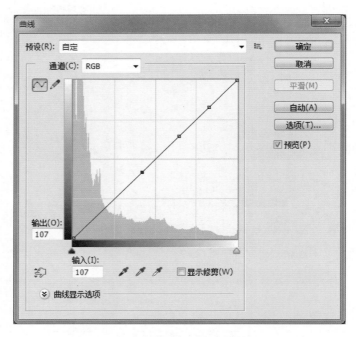

图 5-37　曲线上的取样点

　　按住 Ctrl 键并在图像中单击,将在曲线上建立与取样点相对应的控制点。拖动这些控制点,能够准确地改变图像中对应区域的色调。

5.3.3　使用【色彩平衡】命令

　　【色彩平衡】命令能够调整图像阴影区域、高光区域和中间调区域的色彩成分,并混合各色彩,以达到色彩的平衡。但使用该命令所进行的调整不够准确,要精确地对图像中各色彩成分进行调整,还是需要使用【曲线】或【色阶】命令。

　　选择【图像】→【调整】→【色彩平衡】命令,打开【色彩平衡】对话框,如图 5-38 所示。

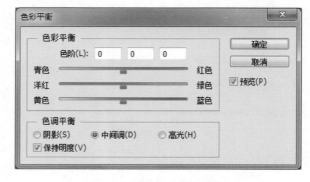

图 5-38　【色彩平衡】对话框

在对话框的【色彩平衡】选项组中,分别拖动 3 个滑块或在【色阶】文本框中输入数值,即可调节图像中的色彩。这里,每一个导轨两端的颜色正好是互补色。利用互补色原理,通过增减某种颜色来获得另外一种颜色的增减,以达到对图像色彩进行调整的目的。单击【阴影】、【中间调】或【高光】单选按钮,可选择图像中的色彩调整的区域。

　　 专家点拨:【色彩平衡】对话框的【色阶】文本框的输入值的范围为 $-100 \sim 100$。输入负值时,滑块会向左移动;输入正值时,滑块会向右移动到相应的位置。

5.3.4　使用【亮度/对比度】命令

　　使用【亮度/对比度】命令能够一次性地对整个图像的亮度和对比度进行调整。该命令不考虑原图像中不同色调区域亮度和对比度的差异,对任何色调区域都进行相同的调整,因此其获得的效果有时会不够准确。当图像各个色调区域的亮度和对比度相对差异不是很大时,使用该命令能够取得需要的调整效果。

　　选择需要处理的图像,然后选择【图像】→【调整】→【亮度/对比度】命令,打开【亮度/对比度】对话框,拖动其中的【亮度】和【对比度】滑块,调整图像的亮度和对比度,如图 5-39 所示。

　　 专家点拨:在【图像】→【调整】菜单中,Photoshop 提供了【自动色阶】、【自动对比度】和【自动颜色】命令。使用这些命令,Photoshop 会根据图像的情况自动对图像的色阶、对比度和色彩进行调整,而无须用户进行参数设置。

图 5-39　【亮度/对比度】对话框

　　除了上面介绍的色调调整命令外,Photoshop 还提供了其他用于图像调整的命令,包括【反相】命令、【色调分离】命令、【阈值】命令、【渐变映射】命令、【变化】命令等。

5.3.5　图像色调调整应用实例——暮色

1. 实例简介

　　本实例介绍一张数码照片色调的调整方法。照片拍摄的是暮色下的江面。整张照片的色调偏冷,没有夕阳下浓烈的暖色效果。本实例将通过色调调整命令来调整这张照片的色调,获得一种夕阳下浓烈的色彩效果。

　　在本实例制作过程中,将使用【色阶】命令、【色彩平衡】命令、【变化】命令、【曲线】命令以及【亮度/对比度】命令。通过实例的制作,读者将进一步了解各种色调调整命令,掌握使用这些命令调整图像色调的方法。

2. 实例的制作步骤

　　(1) 启动 Photoshop CS6,打开素材文件夹 part5 中的"暮色. bmp"文件。

　　(2) 选择【图像】→【调整】→【色阶】命令,打开【色阶】对话框。向左拖动中间的灰色滑块,将图像适当加亮,如图 5-40 所示。完成调整后,单击【确定】按钮,关闭【色阶】对话框。

　　(3) 选择【图像】→【调整】→【色彩平衡】命令,打开【色彩平衡】对话框。分别拖动各滑块,调整图像中间调的色彩,如图 5-41 所示。

　　(4) 在【色调平衡】选项组中单击【阴影】单选按钮,分别拖动各滑块,调整图像阴影区域

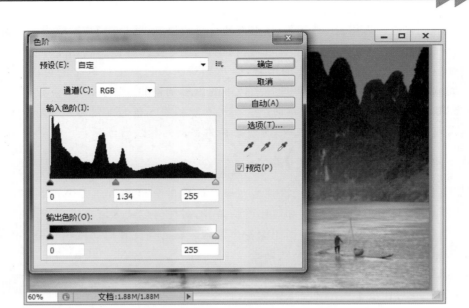

图 5-40　加亮图像

图 5-41　调整中间调的色彩

(即暗调区域)的色彩。

(5) 在【色调平衡】选项组中单击【高光】单选按钮,分别拖动各滑块,调整图像中高光区域的色彩。完成色彩的调整后,单击【确定】按钮,关闭【色彩平衡】对话框。

(6) 选择【图像】→【调整】→【变化】命令,打开【变化】对话框。单击【加深黄色】缩略图两次,增加图像中的黄色成分。

(7) 单击【饱和度】单选按钮,单击其中的【增加饱和度】缩略图两次,对图像的饱和度进行调整,如图 5-42 所示。完成调整后,单击【确定】按钮,关闭【变化】对话框。

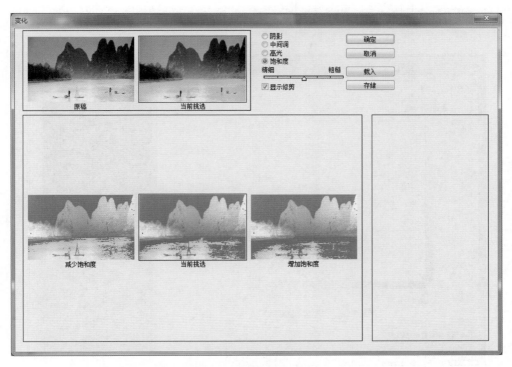

图 5-42　调整图像的色相

（8）选择【图像】→【调整】→【曲线】命令，打开【曲线】对话框。在曲线中间位置创建控制点，将该控制点适当下拉，以压暗图像的亮度，如图 5-43 所示。

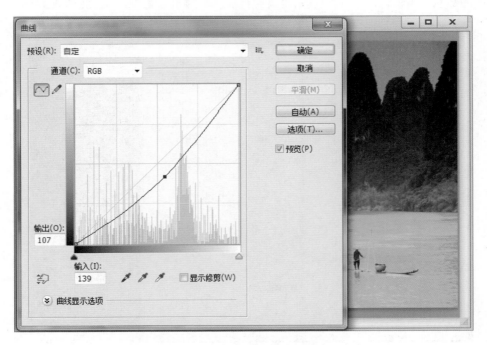

图 5-43　改变曲线的形状适当降低图像的亮度

（9）在【通道】下拉列表框中选择【红】选项，将曲线上拉，适当增加红色通道的亮度，如图 5-44 所示。

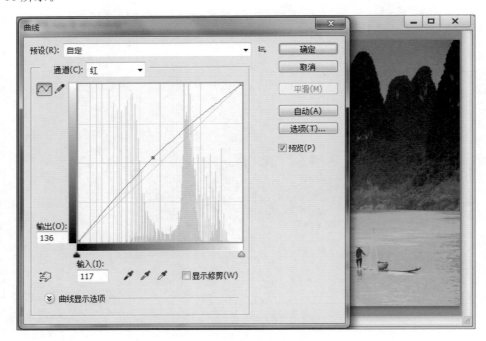

图 5-44　适当加亮红色

（10）在【通道】下拉列表框中选择【绿】选项，在曲线的上部和下部分别增加控制点，调整曲线的形状，如图 5-45 所示。完成曲线调整后，单击【确定】按钮，关闭【曲线】对话框。

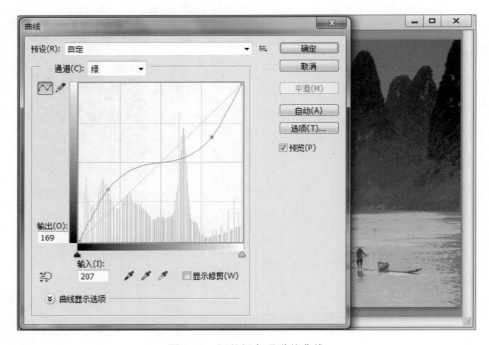

图 5-45　调整绿色通道的曲线

（11）选择【图像】→【调整】→【亮度/对比度】命令，打开【亮度/对比度】对话框，适当调整整个图像的亮度和对比度。

（12）对图像的色调进行适当调整。效果满意后，保存文档，完成本实例的制作。本实例的最终效果如图 5-46 所示。

图 5-46　本实例的最终效果

5.4　本章小结

图像色彩和色调的调整，是使用 Photoshop 进行平面设计的一项重要工作。良好的色彩搭配、符合作品主题的色调将会使设计作品获得良好的视觉效果，起到烘托作品主题的作用。本章从图像颜色模式的转换、图像色彩的调整和图像色调的调整 3 个方面详细介绍了 Photoshop CS6 中调整图像的色彩和色调的方法。通过本章的学习，读者能掌握 Photoshop 中常用的图像色彩和色调调整命令，掌握常用的调整图像色彩和色调的理论知识，通过实例的制作获得相关的实践经验。

5.5　本章习题

一、填空题

1. Photoshop 支持的颜色模式有位图模式、灰度模式、双色调模式、索引颜色模式、_____颜色模式、_____颜色模式、Lab 颜色模式和多通道模式。

2. 将图像转换为位图模式时会使图像的颜色减到两种，分别是 _____ 色和 _____ 色。

3.【色相/饱和度】命令可以用来调整图像中单个颜色成分的色相、饱和度和明度。通过调整色相可以改变_____,调整饱和度可以改变颜色的_____,调整明度可改变图像的_____程度。

4. 使用【自动色阶】命令,Photoshop 会用比例来调整图像的亮度,将最亮的像素变为_____色,最暗的像素变为_____色,使图像的亮度分布均匀。使用【自动对比度】命令能够自动调整整幅图像的对比度。此时,图像的最亮和最暗像素被转化为_____色和_____色,从而使高光区域变得更_____,阴影区域变得更_____。

5. 颜色可以用色轮来表现它们之间的关系,在色轮上处于_____的两种颜色,称为互补色,它们在色轮上是呈_____度关系的色彩。对于互补色来说,其中一种颜色减少,其互补色将_____。对于色轮上的每种颜色,都可以使用其旁边的_____颜色混合得到。

二、选择题

1. 能够重新分布图像中像素的亮度值,以便能够更加均匀地呈现亮度级范围的命令是下面哪一个?(　　)

    A.【自动色阶】命令　　　　　　　　　　B.【阈值】命令

    C.【色调均化】命令　　　　　　　　　　D.【色调分离】命令

2. Photoshop 专为数码照片的处理而设置了一个命令,该命令能够通过将数码照片中的阴影区域加亮来校正由于逆光拍摄而形成的有缺陷的数码照片。这个命令是(　　)。

    A. 阴影/高光　　　　　　　　　　　　　B. 色相/饱和度

    C. 替换颜色　　　　　　　　　　　　　D. 曝光度

3. 在【色阶】对话框中,若欲增加图像的亮度,不能使用下面哪个操作?(　　)

    A. 将白色滑块向左拖移　　　　　　　　B. 将灰色滑块向左拖移

    C. 将黑色滑块向右拖移　　　　　　　　D. 将灰色滑块向右拖移

4. 在使用【曲线】命令调整图像的色调时,若欲在曲线上创建与图像中某点对应的控制点,应执行下面哪个操作?(　　)

    A. 在图像中单击　　　　　　　　　　　B. 按住 Ctrl 键并在图像中单击

    C. 按住 Alt 键并在图像中单击　　　　　D. 在图像中双击

5.6　上 机 练 习

练 习 1　风 景 照 色 调 的 调 整

打开素材文件夹 part5 中的"练习 1 素材.jpg"文件,如图 5-47 所示。调整照片,效果如图 5-48 所示。

以下是主要制作步骤提示。

要调整这张照片的色调,可以有多种方法,下面简单介绍几种常用的方法。

(1) 使用【色彩平衡】命令,分别调整阴影、中间调和高光区域的颜色。

(2) 使用【色阶】或【曲线】命令分别对红、绿和蓝通道的亮度进行调整。

(3) 使用【照片滤镜】命令,选择应用加温滤镜,同时调整【浓度】的值。

图 5-47 需处理的风景照

图 5-48 照片处理后的效果

练习 2 变色花

打开素材文件夹 part5 中的"练习 2 素材.jpg"文件,如图 5-49 所示。调整图像,效果如图 5-50 所示。

图 5-49 需处理的花朵

图 5-50 图像调整后的 3 个效果

以下是主要制作步骤提示。

(1) 效果图中的第 1 个色彩效果可以使用【黑白】命令来制作。

(2) 效果图中的第 2 个色彩效果,可以通过使用【色相/饱和度】对话框来调整图像中红色的色相、饱和度和明度。

（3）效果图中的第 3 个色彩效果，可以使用【渐变映射】命令获得。此处使用的是【色谱】渐变样式，并勾选了【反向】复选框。

练习 3　青山绿水夜归人

打开素材文件夹 part5 中的"练习 3 素材.bmp"文件，如图 5-51 所示。使用色彩和色调调整命令对图像进行调整，调整后的图像效果如图 5-52 所示。

图 5-51　需进行调整的图像

图 5-52　图像调整后的效果

以下是主要制作步骤提示。

（1）使用【色彩平衡】命令，增加阴影区域的青色、绿色和黄色，增加中间调区域的青色、洋红和黄色。高光区域适当增加蓝色。

（2）使用【色阶】命令，将图像适当加亮。

第6章

图层的应用

图层是使用 Photoshop 进行图像创作和处理的基础。有效地使用图层，不仅能够创建丰富多彩的图像效果，而且能够有效地提高工作效率，使创作变得方便而快捷。图层被喻为 Photoshop 的灵魂。几乎所有的命令都可以应用于独立的图层。对图像的编辑处理基本上都是对图层中对象的处理。只有熟练掌握图层的操作，才能更加深入地领悟 Photoshop，进而创作出更具特色的平面作品。

本章介绍图层的应用，主要包括以下内容。

- 图层的基本操作和应用实例。
- 图层的混合。
- 图层样式。
- 填充图层和调整图层。

6.1 图层的基本操作和应用实例

图层是 Photoshop 的一大特色。图像的各个部分可能会被分置在不同的图层中，不同图层中的图像叠加在一起便形成了完整的图像。对某个图层进行操作时，不会影响到其他图层。

6.1.1 【图层】面板简介

图层就像是透明的玻璃纸。将一幅图像的不同部分分别绘制于不同的图层上，图层上没有图像的地方会透出下面图层的内容，有图像的地方会盖住下面图层的内容，所有的图层堆叠在一起，便可构成一幅完整的图像。

图层上保存有图像的信息。通过对图层的编辑、不透明度的修改和混合模式的设定等操作，能够获得丰富多彩的图像效果。在 Photoshop 中，图像中图层的层次关系的体现，对图层的各种操作，都是通过 Photoshop 的【图层】面板来实现的。

选择【窗口】→【图层】命令，可以打开【图层】面板。当没有任何图像文件被打开时，【图层】面板显示为一个空的面板。当有文件被打开时，【图层】面板中将显示与文件图层有关的信息，如图 6-1 所示。

单击【图层】面板右上角的 ▼≡ 按钮可打开面板菜单，该

图 6-1 【图层】面板

菜单提供了图层操作的常见命令，如图 6-2 所示。

6.1.2 图层的基本操作

图像的处理离不开图层，图层的应用离不开对图层的操作。这里介绍图层操作的有关知识。

1. 改变图层的可见性

在【图层】面板中，单击图层缩览图前的眼睛标志，可取消此标志的显示，则当前图层的内容将被隐藏。如果需要取消图层的隐藏，只要在图层缩览图前单击，使其出现眼睛标志即可，如图 6-3 所示。

2. 调整图层叠放顺序

对于包含多个图层的图像来说，上面图层中的图像将覆盖下面图层中的图像，图层的叠放顺序决定了不同图层中图像间的遮盖关系，这将直接影响到图像最后的显示效果。

在【图层】面板中选择需要调整叠放顺序的图层，将其向上或向下拖动，放置于列表中需要的位置，即可改变图层的排列顺序，如图 6-4 所示。

图 6-2　面板菜单

图 6-3　图层的可见性

图 6-4　调整图层的叠放顺序

专家点拨：图像中的背景层是不能更改叠放顺序的。按 Ctrl＋[键能够将当前选定图层下移一层，按 Ctrl＋] 键能够将当前图层上移一层。按 Ctrl＋Shift＋[键能够将当前选定图层置于顶层，而按 Ctrl＋Shift＋] 键，能够将当前图层置于背景层之上。

3. 图层的链接

Photoshop 允许将两个以上的图层链接起来，这样便可以同时对多个图层进行移动、旋转和自由变换等操作。在【图层】面板中同时选择多个图层，选择【图层】→【链接图层】命令或直接单击【图层】面板中的【链接图层】按钮 ，当前选择的图层会链接在一起，并在图层上出现链接标志，如图 6-5 所示。要想取消图层的链接，在选择链接图层后，只需选择【图层】→【取消图层链接】命令或再次单击【图层】面板中的【链接图层】按钮即可。

专家点拨：在【图层】面板中选择一个图层，按住 Shift 键，在另一个图层上单击，可以选择这两个图层间的所有图层。在【图层】面板中，按住 Ctrl 键并单击图层，可同时选择多个图层。

4. 图层的编组

当图像中拥有大量图层时，为了方便图层的管理，可对图层进行分组。在【图层】面板中选择需要分组的图层，选择【图层】→【图层编组】命令，可将所有被选择的图层分为一个图层组，如图 6-6 所示。选择一个图层组，选择【图层】→【取消图层编组】命令，可取消图层的分组。

图 6-5　链接图层

图 6-6　图层的分组

专家点拨：在【图层】面板的组名称上双击，可直接在文本框中输入组的名称。双击组图标，可打开【组】属性对话框，可以设置组图标的颜色和名称。

5. 多个图层的对齐与分布

Photoshop 提供了使图层重新分布和排列的功能，同时还提供了使图层中链接的图像按照某种标准对齐的方法。图层的排列有使图层与选区边框对齐和多个图层的对齐这两种方式。

- 图层与选区边框对齐。在图像中创建选区，然后在【图层】面板中选择需要与该选区对齐的图层，在【图层】→【将图层与选区对齐】的子菜单中选择对齐的方式，即可实现图层与选区边框的对齐，如图 6-7 所示。
- 多个图层的对齐。要实现多个图层的对齐，首先将需要对齐的图层链接起来，然后选择【图层】菜单中的【对齐】和【分布】子菜单中的命令，即可实现对图层的对齐和重新分布等操作，如图 6-8 所示。

图 6-7　图层与选区边框左对齐

图 6-8　图像对齐操作

专家点拨：在 Photoshop 中分布和对齐图层时，图层的个数应不少于 3 个，两个图层无法完成分布和对齐操作。

6. 图层的合并

图像中的图层越多，保存于硬盘上的文件就会越大。为了节约硬盘空间，同时也为了方便图像的编辑处理，可以将多个图层合并为一个图层。合并图层时，主要有下面几种方式。

- 将图层与下面的图层合并。合并前确保想合并的图层可见。选择【图层】面板中的图层，然后选择【图层】→【向下合并】命令或者按 Ctrl＋E 键，即可将该图层与下面的一个图层合并，如图 6-9 所示。

图 6-9　向下合并图层

- 合并图层中所有可见图层。选择【图层】→【合并可见图层】命令或者按 Ctrl＋ Shift＋E 键，此时图像中的所有处于可见状态的图层将被合并为一个图层，如图 6-10 所示。注意，该命令只能合并图像中的可见图层，图像中的隐藏图层将不会被合并。
- 合并所有图层。选择【图层】→【拼合图层】命令，可将图像中的所有图层合并为一个图层。当图像中含有隐藏图层时，Photoshop 会给出提示，如图 6-11 所示。如果单击【确定】按钮，图像中所有可见图层将被合并，而隐藏图层将被丢弃。

专家点拨：在【图层】面板中的某个图层上右击，在弹出的快捷菜单中将会出现上面提到的 3 个图层合并命令，可直接选择使用。在【图层】面板的面板菜单中也有这些图层合并命令，选择这些命令同样能够实现图层的合并操作。

图 6-10 合并所有可见图层

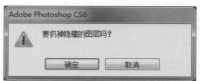

图 6-11 Photoshop 提示及拼合后的图层效果

6.1.3　图层操作应用实例——房地产建筑外观效果图

1. 实例简介

本实例介绍一个房地产建筑效果图的制作过程。制作建筑效果图时,一般先使用三维制作软件建模并渲染输出,然后使用 Photoshop 为其添加效果。这里需要添加的效果主要是各种场景点缀物,如人物、树木、车船等,从而得到真实的场景效果。在本实例的制作过程中,可将不同的场景点缀物放置于不同的图层中,对相同类型的点缀物所在的图层进行分组,以方便图层的管理。可使用【自由变换】命令调整对象的大小、方向和位置,以适合场景的需要。

通过本实例的制作,读者将进一步熟悉图层操作的有关知识,包括新图层的创建、图层的复制、图层的分组以及图层顺序的调整等。同时,读者还将通过操作了解 Photoshop 制作建筑效果图的方法和技巧,掌握一些建筑效果图中常见特效的创建方法。

2. 实例制作步骤

(1) 启动 Photoshop CS6,打开素材文件夹 part6 中的“蓝天背景.tif”文件。

(2) 打开素材文件夹 part6 中的“建筑效果图.psd”文件,使用【魔棒工具】选择黑色背景,然后按 Ctrl＋Shift＋I 键反选,得到楼宇选区。再使用【移动工具】将其移动到“蓝天背景”文档窗口中,如图 6-12 所示。

图 6-12　楼宇

(3) 打开素材文件夹 part6 中的“草地.tif”文件,将其移动到“蓝天背景”文档窗口中。调整图层位置,并调整图片大小,如图 6-13 所示。

图 6-13　草地

（4）打开素材文件夹 part6 中的"树 1. tif"及 part6 中的"树 2. tif"文件,将其移动到"蓝天背景"文档窗口中,然后调整其大小及位置,如图 6-14 所示。

图 6-14　树

（5）在"蓝天背景"文件中新建图层组,将其命名为"灯"。

（6）打开素材文件夹 part6 中的"路灯. tif"文件,将其移动到"蓝天背景"文档窗口中,复制 3 个路灯并调整其位置及大小,将 4 个图层拖入到名称为"灯"的组中,如图 6-15 所示。

图 6-15　灯

（7）至此,本实例制作完成。选择【图层】→【合并所有可见图层】命令,将所有可见图层合并为一个图层。然后,将文件输出为需要的图像格式。本实例的最终效果如图 6-16 所示。

图 6-16　本实例的最终效果

6.2　图层的混合

位于不同图层中的图像相互之间存在着遮盖关系,而各图层的不透明度则决定了其遮盖的通透能力。选择不同的图层混合模式,能够设置图层中像素颜色的混合关系。这种混合关系能够获得不同的颜色效果,若能加以灵活运用,便可获得与众不同的图像效果。本节将对图层不透明度和图层混合模式进行介绍。

6.2.1　图层的混合选项

在【图层】面板的图层上双击,能够打开【图层样式】对话框。在对话框左侧的【样式】选项组中选择【混合选项:默认】,可对图层的混合选项进行设置,如图 6-17 所示。

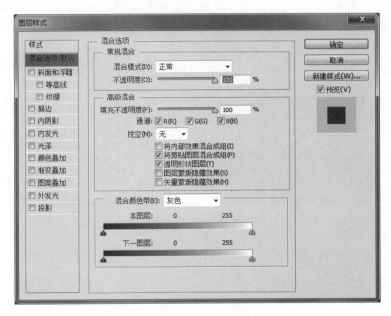

图 6-17　混合选项的设置

混合选项的设置包括图层的【不透明度】、【填充不透明度】和【混合模式】的设置,通过这些选项的设置能够改变当前图层中像素与下层图层中像素的混合关系。

🐾**专家点拨**:在【图层】面板中的某个图层上右击,在弹出的快捷菜单中选择【混合选项】命令,也可以打开【图层样式】对话框,进行混合选项的设置。另外,也可单击【图层】面板右上角的▼三按钮,打开面板菜单,在菜单中选择【混合选项】命令,打开【图层样式】对话框,进行混合选项的设置。

1. 图层的不透明度

图层不透明度的调整包括图层不透明度的调整和像素填充不透明度的调整。下面对它们分别进行介绍。

除了能够改变图层的相对位置和层次关系外,还可以改变图层的不透明度。不透明度的值决定了当前图层能够允许下层图层透出的程度。降低图层的不透明度可以使图层获得一种半透明的效果，允许图层中的图像区域透出其下层图层中的内容。这里，1％的不透明度将使图层几乎完全透明，而 100％的不透明度将使图层完全不透明。不同的不透明度的值将会获得不同的透明效果。

图层不透明度的调整和像素填充不透明度的调整可以在【图层】面板上直接完成，如图 6-18 所示。同样，用【图层样式】对话框中的【混合选项】选项组中的【不透明度】和【填充不透明度】也可以调整。方法是，在对话框的相应文本框中直接输入数值，或直接拖动文本框左侧的滑块，如图 6-19 所示。

图 6-18　用【图层】面板调整不透明度

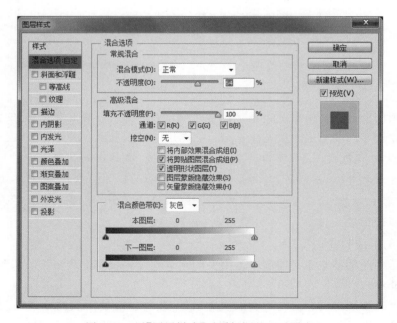

图 6-19　用【图层样式】对话框调整不透明度

2. 图层的混合模式

图层的混合模式用于指定图层中的像素与其下层图层中的像素进行混合的方式。在【图层样式】对话框中,单击【混合模式】下拉列表框,在打开的下拉列表中可选择需要使用的图层混合模式,如图 6-20 所示。

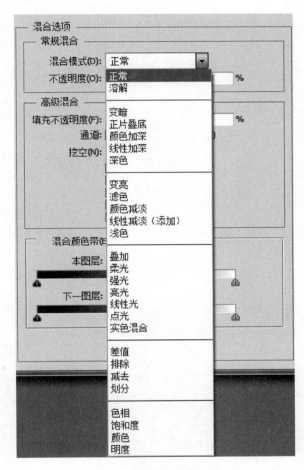

图 6-20　选择图层的混合模式

6.2.2　图层的混合应用实例——风景图片

1. 实例简介

本实例通过一个风景图片的制作介绍图层混合模式的用法。通过本实例的制作,读者将进一步熟悉图层操作及【油漆桶工具】的使用,加深理解图层混合模式在创建图像效果时所起的作用。

2. 实例制作步骤

(1) 启动 Photoshop CS6,打开素材文件夹 part6 中的"风景.jpg"文件,如图 6-21 所示。

(2) 在【图层】面板中新建一层。选择【油漆桶工具】,使用图案进行填充,如图 6-22 所示。

图 6-21　打开文件

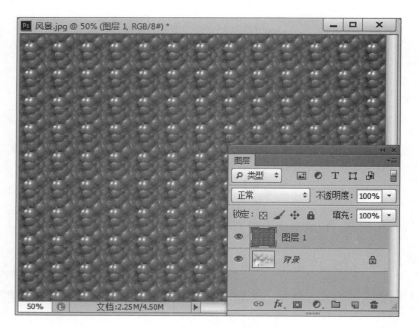

图 6-22　填充图层

（3）在【图层】面板的图层上双击，打开【图层样式】对话框，在【混合模式】下拉列表框中选择【颜色加深】选项，如图 6-23 所示。

（4）单击【确定】按钮后，实例最终效果如图 6-24 所示。

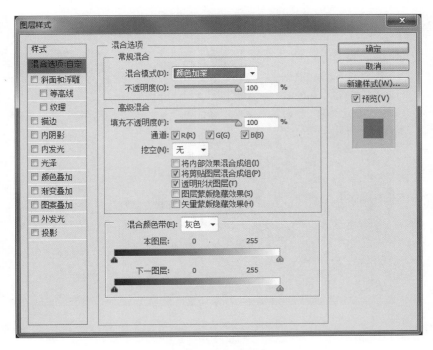

图 6-23　混合模式设置

图 6-24　【颜色加深】实例效果

（5）另外，可以直接在【图层】面板的【混合模式】下拉列表中进行选择，如图 6-25 及图 6-26 所示。

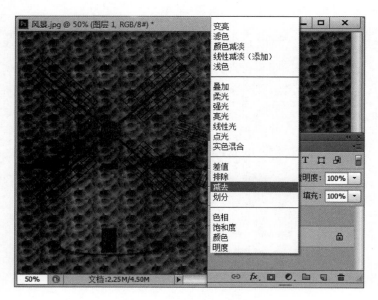

图 6-25 【减去】实例效果

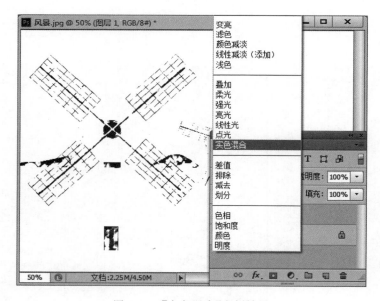

图 6-26 【实色混合】实例效果

6.3 图层样式

图层样式是 Photoshop 的一个特色，使用该功能可以创建多种样式的图层特效，如投影、内发光以及斜面和浮雕等效果。

应用图层样式后,图层效果将被链接到图层内容上,在编辑图层内容时,图层显示效果会随之调整。

一个图层可以应用多种图层样式,但图层效果不能应用于背景层,如果必须使用时需要将背景层转换为普通图层。

6.3.1 图层样式的创建

图层样式的创建通过【图层样式】对话框来实现。在【图层样式】对话框中,可以自由选择需要使用的图层样式效果,同时也可以对选择的样式效果进行设置。

在【图层】面板中双击需要添加样式效果的图层,打开【图层样式】对话框。在【样式】选项组中选中需要应用的图层样式,如【投影】在该样式选项(【投影】)处于选择状态时,在右侧的【投影】选项组中对样式效果进行设置,如图 6-27 所示。创建图层样式效果后,在【图层】面板中该图层的右侧会出现"fx"标志。【投影】样式的使用效果如图 6-28 所示。

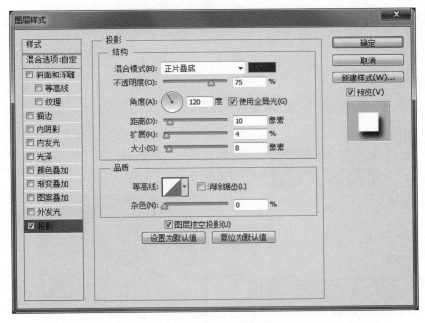

图 6-27 【投影】图层样式的设置

图层样式和图层一样,可以对其进行各种操作。双击【图层】面板中的某个样式选项,可打开【图层样式】对话框,从中可修改其参数。图层样式在【图层】面板中也能像图层那样进行复制、删除、编辑和隐藏等操作。

6.3.2 使用预设图层样式

Photoshop 提供了一个【样式】面板,使用该面板能够保存创建的图层样式效果,并能够快速将预设的图层样式效果应用于图层中。

选择【窗口】→【样式】命令,能够打开【样式】面板。在【图层】面板中选择图层,然后在【样式】面板中直接单击需要应用的样式的缩览图,该样式即会应用到选择的图层中,如图 6-29 所示。

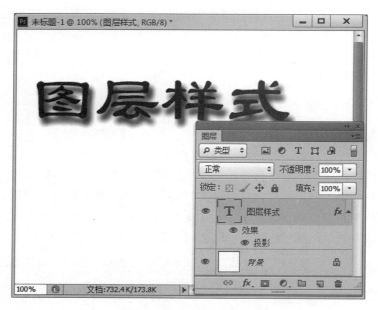

图 6-28　【投影】样式效果

图 6-29　应用样式

　　使用【样式】面板下方的功能按钮,能够实现样式的新建、删除和对已应用样式的清除。如果需要添加更多的样式,可使用面板菜单命令来实现。

6.3.3　图层样式应用实例——晶莹的文字

1. 实例简介

　　本实例介绍使用图层样式效果来创建文字特效的方法。在本实例的制作过程中,为了体现背景啤酒的清醇,将为文字创建透明效果,在文字周围添加晶莹的水珠进行点缀。在创建文字特效时,将使用阴影、内阴影、内发光、外发光、斜面和浮雕以及光泽效果,这些特效的累加获得了晶莹的透明文字效果。水珠的创建同样使用图层样式效果来实现。

　　通过本实例的制作,读者将掌握使用图层样式来创建阴影、发光和浮雕等效果的方法以及参数的设置技巧,了解获得具有透明质感的立体文字效果的方法。读者完成本实例的制作后,将体会到图层样式在创建各种特效方面的作用。通过图层样式的设置,不仅可以创建各种立体效果,还可以获得各种质感效果,制作出具有不同质感的立体图像效果。

2. 实例操作步骤

（1）启动 Photoshop CS6,打开素材文件夹 part6 中的"啤酒.bmp"文件。

（2）在工具箱中选择【横排文字工具】,输入文字"Cool"。在图像中创建文字层,文字工具的选项栏设置如图 6-30 所示。

图 6-30　文字工具的选项栏设置

　　（3）选择【图层】→【栅格化】命令,将文字图层转换为普通图层。在【图层】面板中双击包含有文字的图层,打开【图层样式】对话框。在【样式】选项组中勾选【投影】复选框,并使该选项处于选中状态。然后在对话框的右侧对投影效果进行设置,如图 6-31 所示。

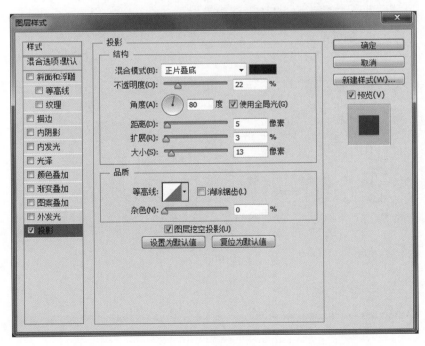

图 6-31　设置投影效果

　　（4）在【样式】选项组中勾选【内阴影】复选框,并使该选项处于选中状态,在右侧选项组中设置内阴影效果的参数。这里,单击【混合模式】下拉列表框右侧的【设置效果颜色】按钮,打开【拾色器】对话框。将鼠标指针移到图像中的啤酒处,此时鼠标指针变为吸管形状。在图像中单击,拾取啤酒的颜色,将其设置为阴影的颜色,如图 6-32 所示。单击【确定】按钮,关闭【拾色器】对话框。对内阴影效果的其他选项进行设置,如图 6-33 所示。

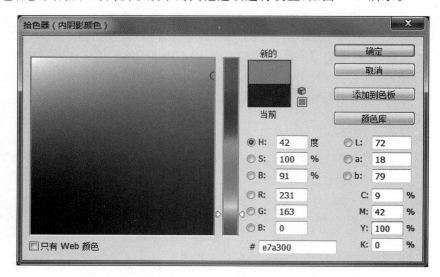

图 6-32　设置内阴影颜色

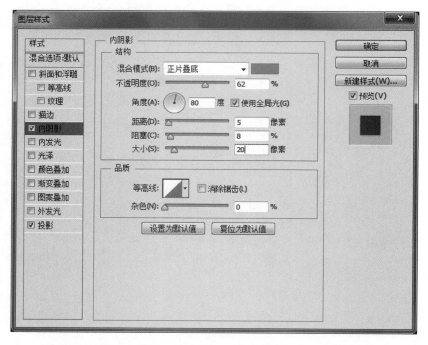

图 6-33　设置内阴影效果

（5）在【样式】选项组中勾选【外发光】复选框,同时使该选项处于选中状态,在右侧的选项组中设置有关参数。在选项组中单击【杂色】下的【设置发光颜色】按钮,打开【拾色器】对话框,设置发光颜色,如图 6-34 所示。单击【确定】按钮,关闭【拾色器】对话框。设置外发光效果的其他参数,如图 6-35 所示。

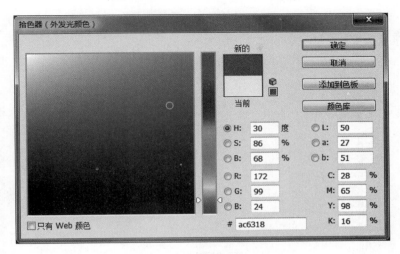

图 6-34　设置外发光颜色

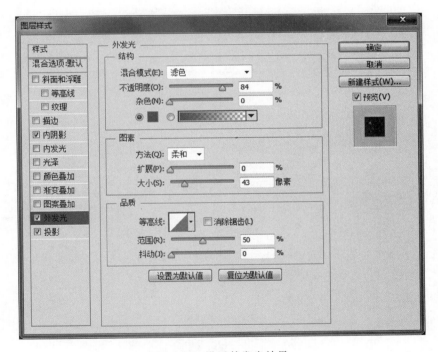

图 6-35　设置外发光效果

（6）在【样式】选项组中勾选【内发光】复选框，同时使该选项处于选中状态，在右侧选项组中对内发光效果进行设置，如图 6-36 所示。这里设置的颜色值为"R：228，G：159，B：30"。

（7）在【样式】选项组中勾选【斜面和浮雕】复选框，并使该选项处于选中状态，在右侧的选项组中设置斜面和浮雕效果，如图 6-37 所示。此时，图像中的文字效果如图 6-38 所示。

（8）在【样式】选项组中勾选【光泽】复选框，并使该选项处于选中状态，在右侧的选项组中对参数进行设置，设置光泽的颜色值为"R：235，G：174，B：59"，如图 6-39 所示。

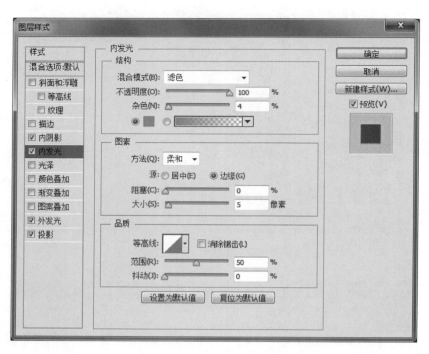

图 6-36　设置内发光效果

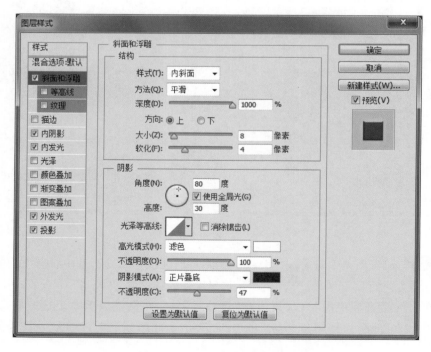

图 6-37　设置斜面和浮雕效果

图 6-38　图像中的文字效果

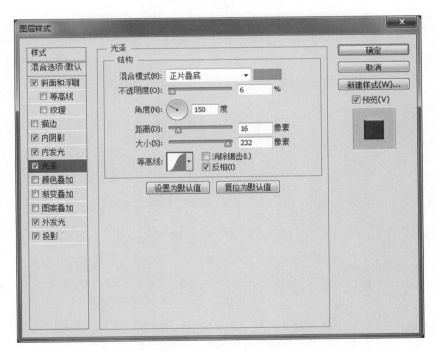

图 6-39　设置光泽效果

　　（9）单击【确定】按钮，关闭【图层样式】对话框，完成文字特性的创建。在【图层】面板中将图层混合模式设置为【柔光】，使上、下图层的颜色混合加亮，获得透明效果。此时的文字效果如图 6-40 所示。

　　（10）使用【横排文字工具】在图像中创建文字"Pure"，其参数设置与文字"Cool"相同。同样，将文字图层转换为普通图层。在【图层】面板的【Cool】图层上右击，在弹出的快捷菜单中选择【拷贝图层样式】命令。在【Pure】图层上右击,在弹出的快捷菜单中选择【粘贴图层样式】命令,粘贴图层样式。此时,文字"Pure"将获得与文字"Cool"相同的样式效果,如图 6-41 所示。

图 6-40　修改图层混合模式获得透明文字效果

图 6-41　粘贴图层样式

(11) 在【图层】面板中分别单击图层右侧的 按钮,收起样式列表。单击【图层】面板下方的【创建新图层】按钮,在【Pure】图层上创建一个新图层,将图层命名为"水滴",如图 6-42 所示。

(12) 在工具箱中选择【椭圆选框工具】。在【水滴】图层中创建一个圆形选区。使用【油漆桶工具】为选区填充颜色,如图 6-43 所示。这里使用的颜色值为"R:233,G:166,B:23"。

图 6-42　创建一个新图层

图 6-43　绘制圆形选区并填充颜色

　　(13) 按 Ctrl+D 键取消选区的选择。将【Cool】图层的图层样式效果粘贴到【水滴】图层。选择【水滴】图层,双击【图层】面板中该图层的【斜面和浮雕】效果,打开【图层样式】对话框,对该图层样式进行设置。首先,拖动滑块将【软化】的值设置为最大,再单击【阴影模式】下拉列表框右侧的【设置阴影颜色】按钮,打开【拾色器】对话框。在图像中的啤酒上单击拾取颜色。单击【确定】按钮,将拾取的颜色设置为阴影颜色,同时将【阴影模式】的【不透明度】设置为 1%,如图 6-44 所示。

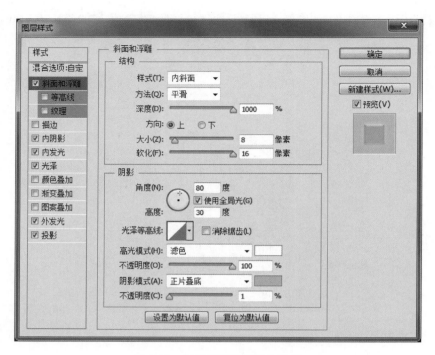

图 6-44　斜面和浮雕效果的设置

（14）在【样式】选项组中选择【内阴影】选项，在右侧的选项组中调整【大小】的值，如图 6-45 所示。

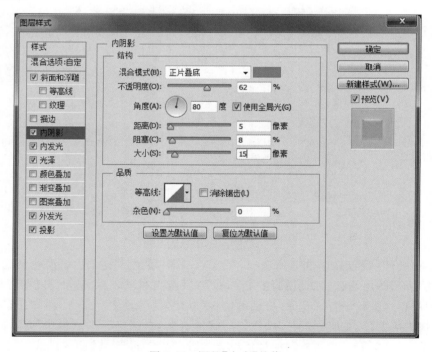

图 6-45　调整【大小】的值

（15）在【样式】选项组中取消【外发光】和【内发光】的选择，单击【确定】按钮，关闭【图层样式】对话框。此时将获得一滴晶莹的水珠，如图 6-46 所示。

图 6-46　获得水珠效果

（16）将【水滴】图层复制 5 个，使用【自由变换】命令等对这些水珠进行比例缩放。使用【移动工具】调整这些水珠在图像中的位置，如图 6-47 所示。

（17）至此，本实例制作完成。合并所有图层，将文档保存为需要的格式。本实例的最终效果如图 6-48 所示。

图 6-47　复制并调整水珠的大小和位置

图 6-48　本实例的最终效果

6.4 填充图层和调整图层

使用填充图层和调整图层是调整图像色彩和色调的高级方法。通过填充图层和调整图层能够方便地实现各种填充操作和对图像的颜色和色调的调整,而不会造成对原始图像的修改。

6.4.1 填充图层和调整图层简介

使用填充图层能够实现以纯色、渐变色或图案来填充图层的目的。使用调整图层可将色彩和色调应用于图像。下面介绍填充图层和调整图层的有关知识。

1. 填充图层

填充图层分为 3 种,分别是【纯色】填充图层、【渐变】填充图层和【图案】填充图层。在【图层】面板中单击【创建新的填充或调整图层】按钮 ⚫,在弹出的菜单中可以选择相应的命令来创建填充图层,如图 6-49 所示。

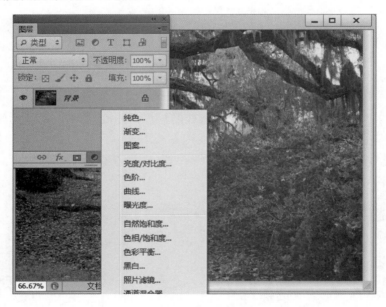

图 6-49　选择需要创建的填充图层

其中,【纯色】命令用来创建一个纯色填充图层。菜单中的【渐变】和【图案】命令可以用来创建渐变填充图层和图案填充图层。

🐾**专家点拨**:当需要修改填充图层的内容时,可选择【图层】→【图层内容选项】命令,此时可打开填充图层相应的设置对话框。对于填充图层,无法在图层中进行绘画操作。如果需要对其进行绘画操作,应先将其转换为普通图层。可以通过选择【图层】→【栅格化】→【填充内容】命令完成图层类别的转换。

2. 调整图层

调整图层的创建与填充图层的创建一样,单击【图层】面板下方的【创建新的填充或调整图层】按钮 ⚫(或者选择【窗口】→【调整】命令,打开【调整】面板,如图 6-50 所示),在弹出的菜单或【调整】面板中选择相应命令,可创建需要的调整图层。图 6-51 所示为在图像中创建的【色阶】调整图层。通过【调整】面板,可调整其下所有图层的色调,并且可以选择添加其他调整效果。

🎨**专家点拨**:使用调整图层和填充图层获得的图像效果与直接使用色彩调整命令或直接对图像进行填充所获得的效果是一样的,在效果的设置和调整上使用的方法也是相同的。但使用调整图层和填充图层却有直接调整图像色调和直接进行填充所没有的优势,那就是所有的操作都是在图层上单独进行的,在

图 6-50 【调整】面板

图层合并前不会对图像造成破坏。如果需要对效果进行调整,则只需对调整图层或填充图层进行调整即可,对图像的编辑更具有可选择性。同时,通过图层的复制,可以方便地实现效果的粘贴,将相同设置效果应用到其他的图层或图像中。

图 6-51 创建色阶调整图层

6.4.2 填充图层和调整图层应用实例——高反差效果

1. 实例简介

本实例介绍一个图像高反差效果的制作过程。在本实例的制作过程中,将通过更改图层混合模式和使用各种调整图层来改变图像的色调,获得需要的图像效果。本实例在制作过程中使用了【色阶】调整图层、【色彩平衡】调整图层、【色相/饱和度】调整图层和【亮度/对比度】调整图层,同时使用不同的图层混合模式来进行图层的混合。在制作过程中还使用了 Photoshop 自带的【云彩】滤镜、【半调图案】滤镜和【添加杂色】滤镜,使图像具有斑驳的颗粒效果。

通过本实例的制作,读者将了解调整图层和填充图层的使用方法和技巧,领会调整图层在调整图像色彩和色调时的优势。

2. 实例制作步骤

(1) 启动 Photoshop CS6,打开素材文件夹 part6 中的"风景.bmp"文件,如图 6-52 所示。

图 6-52 素材图片

(2) 单击【图层】面板下方的【创建新的填充或调整图层】按钮,在弹出的菜单中选择【色阶】命令,创建一个色阶调整图层。在该调整图层的【属性】面板中,将中间灰色滑块向右拖动,适当压暗图像,如图 6-53 所示。

图 6-53 调整中间灰色滑块的位置

（3）在【通道】下拉列表框中选择【红】，调整红色通道的色阶。这里，将中间灰色滑块适当右移，如图 6-54 所示。

图 6-54　调整红色通道的色阶

（4）在【通道】下拉列表框中选择【蓝】，调整蓝色通道的色阶。这里，将中间灰色滑块适当右移，如图 6-55 所示。

图 6-55　调整蓝色通道的色阶

（5）单击【图层】面板下方的【创建新的填充或调整图层】按钮，在弹出的菜单中选择【色彩平衡】命令，创建一个色彩平衡调整图层，同时打开其【属性】面板。调整【中间调】的色彩，如图 6-56 所示。

图 6-56　调整中间调的色彩

（6）在【色调】下拉列表框中选择【阴影】选项，调整图像阴影区域的色彩，如图 6-57 所示。

图 6-57　调整阴影区域的色彩

（7）在【色调】下拉列表框中选择【高光】选项，调整图像高光区域色彩，如图 6-58 所示。

（8）关闭色彩平衡调整图层的【属性】面板，图像中添加一个【色彩平衡】调整层。此时，图像的效果如图 6-59 所示。

图 6-58　调整高光区域的色彩

图 6-59　添加色彩平衡调整图层后的图像效果

（9）单击【图层】面板下方的【创建新的填充或调整图层】按钮，在弹出的菜单中选择【色相/饱和度】命令，创建一个色相/饱和度调整图层，同时打开其【属性】面板调整【色相】、【饱和度】和【明度】的值，如图 6-60 所示。

（10）关闭色相/饱和度调整图层的【属性】面板，图像中将添加一个色相/饱和度调整图层。此时，图像的效果如图 6-61 所示。

图 6-60　调整【色相】、【饱和度】和【明度】的值

图 6-61　添加色相/饱和度调整图层后的图像效果

(11) 单击【图层】面板下方的【创建新的填充或调整图层】按钮,在弹出的菜单中选择【亮度/对比度】命令,创建一个亮度/对比度调整图层,同时打开其【属性】面板。调整【亮度】和【对比度】的值,如图 6-62 所示。

(12) 关闭亮度/对比度调整图层的【属性】面板,图像中将创建一个亮度/对比度调整图层。此时,图像的效果如图 6-63 所示。

(13) 在【图层】面板中选择【背景】图层。单击面板下方的【创建新的填充或调整图层】按钮,在弹出的菜单中选择【纯色】命令,创建一个纯色填充图层。在打开的【拾色器】对话框

图 6-62 调整【亮度】和【对比度】的值

图 6-63 添加亮度/对比度调整图层后的图像效果

中拾取填充颜色，如图 6-64 所示。

（14）单击【确定】按钮，关闭【拾色器】对话框，图像中将创建一个纯色填充图层。在【图层】面板中将图层混合模式设置为【叠加】，将【不透明度】调整为 37%。此时，图像的效果如图 6-65 所示。

（15）合并可见图层，如图 6-66 所示。本实例的最终效果如图 6-67 所示。

　专家点拨：大量使用调整图层和填充图层会增大图像文件的大小，可以通过合并调整图层与普通图层来减小文件的大小。调整图层和填充图层具有其他图层的很多特性，如，

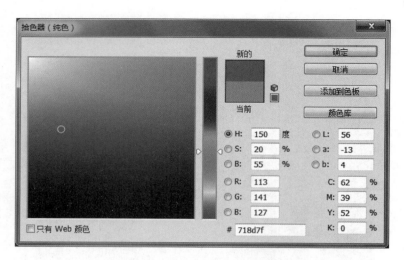

图 6-64　【拾取器(纯色)】对话框

图 6-65　创建纯色填充图层后的图像效果

图 6-66　合并图层

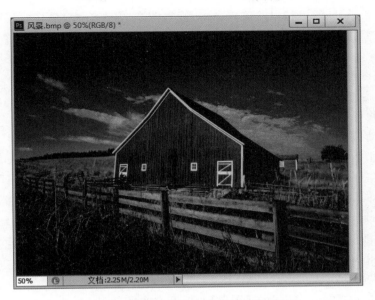

图 6-67　创建【颜色填充】图层后的图像效果

可以调整图层的不透明度和图层混合模式,也可以将它们编成组以便将效果应用到需要的图层中。调整图层也能像普通图层那样启用或禁用可见性。不可见的调整图层将不会对下面的图层产生影响。

6.5　本章小结

　　图层是 Photoshop 的一个重要概念。灵活应用图层能够创作出多种多样的图像效果。本章介绍了图层的基础知识,包括常见的图层类型,图层的移动、编组和图层对象的分布等操作。同时,介绍了常用的图层混合模式的知识以及图层样式的创建和使用方法。最后介绍了使用调整图层和填充图层来调整图像色彩和色调的方法。

　　图层的应用是 Photoshop 的一个特色,也是 Photoshop 的强项,普通的绘画很难达到相应的效果。读者应该通过大量练习来掌握图层的应用,融会贯通,这样才能创作出精美的图像效果。

6.6　本章习题

一、填空题

　　1. Photoshop 常见的图层类型有_____、_____、文字图层、填充图层、效果图层和形状图层。

　　2. 在移动图层时,可采用下面两种方法：在【图层】面板中选择该图层,选择工具箱中的_____,将鼠标指针置于图像中然后拖动鼠标,即可实现对当前选择图层的移动。第二种方法是选择_____,在图像中_____击,从弹出的菜单中选择需要移动的图层,使用【移动工具】移动选中的图层。

3. 使用【图层】→【排列】中的菜单命令,能够改变图层的叠放顺序。其中,【置于顶层】命令能够用来将当前选择图层置为_____;【前移一层】命令能够用来将当前选择的图层_____;【后移一层】命令能够用来将当前选择的图层_____;【置于底层】命令能够用来将当前选择图层置于_____。

4. 选择【图层】→【向下合并】命令,可将当前选择图层与下面的图层_____。选择【图层】→【合并可见图层】命令,可将图像中的所有处于可见状态的图层_____。选择【图层】→【拼合图层】命令,可将图像中的_____图层都_____。

5. 不透明度的值决定了当前图层能够允许下层图层_____的程度。1%的不透明度将使图层几乎完全_____,100%的不透明度将使图层完全_____。不同的不透明度的值将会获得不同的透明效果。

6. Photoshop 提供的图层样式包括_____、_____外发光、内发光、_____、光泽、颜色叠加、渐变叠加、图案叠加和描边。

7. Photoshop 的填充图层分为 3 种,它们分别是纯色填充图层、_____和_____。

二、选择题

1. 在创建调整图层时,应单击【图层】面板下方的哪个按钮?( )
   A. ◉ B. ◕ C. ▭ D. 🗑

2. 在【图层】面板中,下面哪个按钮可用于复制图层?( )
   A. ▭ B. *fx* C. ◉ D. ◲

3. 下面哪个图标可标示出图层的可见性?( )
   A. *fx* B. ◉ C. 🔒 D. ⊖

4. 在【图层】面板中,下面哪个按钮是【锁定图像像素】按钮?( )
   A. ▨ B. ✎ C. ✛ D. 🔒

5. 下面哪种图层混合模式不能产生变暗的效果?( )
   A. 正片叠底 B. 颜色加深 C. 线性加深 D. 滤色

6.7 上 机 练 习

练习 1 立体金属文字效果

使用图层样式创建图 6-68 所示的文字效果。

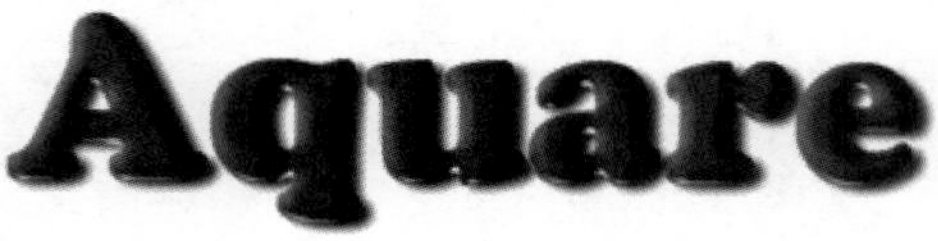

Aquare

图 6-68 立体金属文字效果

以下是主要制作步骤提示。

(1) 使用【横排文字工具】创建文字,打开文字所在图层的【图层样式】对话框。

(2) 为图层添加【投影】效果,其参数设置可参考图 6-69。

(3) 为图层添加【内阴影】效果,其参数设置可参考图 6-70。

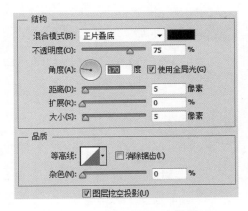

图 6-69 【投影】效果的参数设置

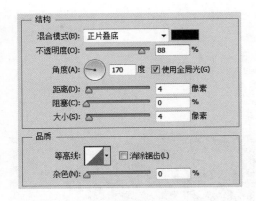

图 6-70 【内阴影】效果的参数设置

（4）为图层添加【斜面和浮雕】效果，其参数设置可参考图 6-71。

（5）为图层添加【光泽】效果，其参数设置可参考图 6-72。

（6）为图层添加【渐变叠加】效果，其参数设置可参考图 6-73。

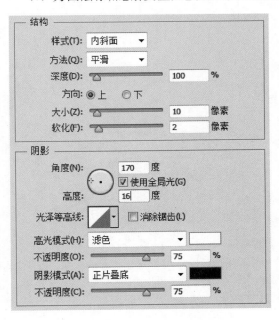

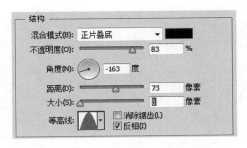

图 6-72 【光泽】效果的参数设置

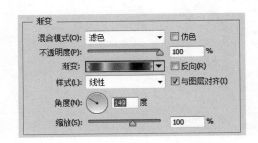

图 6-71 【斜面和浮雕】效果的参数设置

图 6-73 【渐变叠加】效果的参数设置

练习 2 荧光字效果

应用学过的知识创建荧光字效果，如图 6-74 所示。

以下是主要制作步骤提示。

（1）创建文字，打开文字所在图层的【图层样式】对话框。

（2）为图层添加【外发光】效果，其参数设置可参考图 6-75。

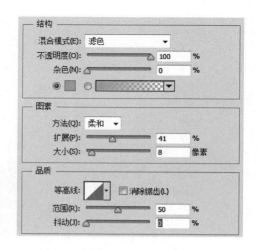

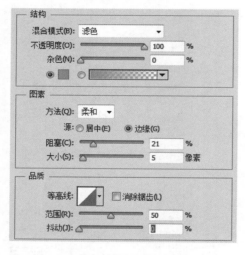

图 6-74　荧光字效果　　　　　　　图 6-75　【外发光】效果的参数设置

（3）为图层添加【内发光】效果，其参数设置可参考图 6-76。

（4）为图层添加【光泽】效果，其参数设置可参考图 6-77。

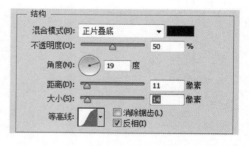

图 6-76　【内发光】效果的参数设置　　　　图 6-77　【光泽】效果的参数设置

（5）复制当前图层，将图层混合模式设置为【滤色】。

练习 3　魅力风景

使用调整图层调整图像色调。需要修改的图像如图 6-78 所示，图像色彩调整后的效果如图 6-79 所示。

以下是主要制作步骤提示。

（1）添加色彩平衡调整图层，调整【阴影】、【中间调】和【高光】的色彩。

（2）添加纯色填充图层，以绿色填充。

（3）添加色阶调整图层，调整图像色调。

图 6-78　需处理的图像　　　　　　　　　　图 6-79　图像处理后的效果

第 7 章

路径、蒙版和通道

路径、通道和蒙版是 Photoshop 进行图像处理的最重要工具。路径主要用于对光滑图像进行选择、辅助抠图以及绘制光滑线条、定义画笔等工具的轨迹绘制。通道主要用于存放图像的颜色信息和选区数据。而蒙版则用来保护图像中需要保留的部分,使其不受各种编辑操作的影响。掌握蒙版和通道的应用,读者将拥有更为强大的武器来进行图像特效的创作和处理。

本章介绍 Photoshop 的路径、蒙版和通道的相关知识,主要包括以下内容。

- 路径。
- 图层蒙版。
- 通道。

7.1 路　　径

在 Photoshop 中,路径是指用户绘制的由一系列点连接起来的线段和曲线。路径实际上是由贝塞尔曲线构成的线条或图形。贝塞尔曲线是一种矢量曲线,它由 3 点组合定义而成。其中一个点在曲线上,另外两个点在控制柄上。拖动这 3 个点可以改变曲线的曲度和方向。

7.1.1　路径的构成要素

路径是由相交或不相交的直线或曲线组合而成的,可以是封闭的也可以是开放的。封闭路径没有起点,而开放路径有两个端点。路径一般包括如下构成要素。

- 线:图像中代表路径位置和形状的直线或曲线。
- 锚点:这是路径上线的端点。它决定了路径上线的长度,是两条线之间的连接点。它分为直线锚点和曲线锚点两种。直线锚点是没有控制柄的锚点。曲线锚点分为圆滑点和尖角点两种。圆滑点是连接平滑曲线的锚点,锚点两侧的曲线是平滑过渡的。尖角点是用于连接尖角曲线的锚点,锚点两侧的曲线或直线在锚点处产生一个尖锐的角。
- 控制柄:用于控制曲线的方向和形状。
- 方向点:位于控制柄的末端,用来实现对控制柄的方向和长度的控制。

图 7-1 所示为一个矢量路径。从图中可以看到矢量路径的各个构成要素。路径实际上可以理解为包含多个锚点的矢量线条,放大或缩小图像都对路径没有任何影响。路径与其

他绘图工具绘制的图形不同，它不包括任何像素资料，因此是与像素图形分离的，是无法打印的。

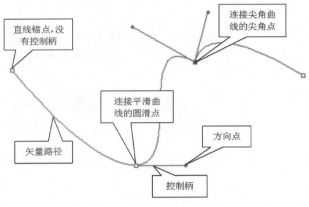

图 7-1　矢量路径的结构

7.1.2　路径的创建和编辑

　　Photoshop 提供了路径的创建和编辑工具。它们在工具箱中的位置如图 7-2 所示。同时，Photoshop 还提供了用于路径的选择工具，包括【路径选择工具】和【直接选择工具】，如图 7-3 所示。

图 7-2　工具箱中的路径工具

图 7-3　用于路径的选择工具

1.【钢笔工具】

　　【钢笔工具】用于创建直线、曲线路径以及封闭的矢量图形。在工具箱中选择【钢笔工具】后，在图像中单击，可在单击点处创建一个锚点。在图像中连续单击，可创建由直线线段所构成的矢量路径。如果在创建锚点后，在图像中拖动鼠标，则可以创建曲线路径。当将鼠标指针放置在路径的起始锚点处时，鼠标指针下方会出现一个"○"标记，此时单击可获得封闭的路径。在路径没有闭合前，按 Ctrl 键并单击，可终止路径的创建，获得一个非封闭路径。使用【钢笔工具】创建的封闭和非封闭路径如图 7-4 所示。

　　选择【钢笔工具】后，在工具选项栏中可对绘制图形类型、工具类型、形状类型及路径重叠方式进行设置。【钢笔工具】的工具选项栏如图 7-5 所示。

2.【自由钢笔工具】

　　Photoshop 的【自由钢笔工具】可以用来创建任意曲线路径。【自由钢笔工具】的使用和【钢笔工具】的使用完全一样。在工具箱中选择【自由钢笔工具】

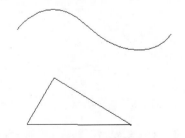

图 7-4　使用【钢笔工具】创建的封闭
路径和非封闭路径

图 7-5 【钢笔工具】的工具选项栏

,将鼠标指针置于图像中,然后拖动鼠标,即可创建任意曲线。

选择【自由钢笔工具】后,可在工具选项栏中对该工具进行设置,如图 7-6 所示。该工具选项栏的设置与【钢笔工具】大致相同。

图 7-6 【自由钢笔工具】的工具选项栏

专家点拨:在工具选项栏中勾选【磁性的】复选框,【自由钢笔工具】将成为【磁性钢笔工具】,具有类似于【磁性套索工具】的能力。

3.【转换点工具】

路径上的锚点分为角点和平滑点。选择工具箱中的【转换点工具】,单击路径上的平滑点,可以将其转换为角点。同样地,单击角点,也可以将角点转换为平滑点。

4.【路径选择工具】

在工具箱中选择【路径选择工具】,使用该工具可对路径进行选择、移动、对齐和复制等操作。选择【路径选择工具】,在选定图像中的路径对象后,使用工具选项栏可实现路径的组合和对齐等操作,如图 7-7 所示。

图 7-7 【路径选择工具】的工具选项栏

5.【直接选择工具】

工具箱中的【直接选择工具】是专门用来移动路径上的锚点和方向点的。路径上没有被选择的锚点显示为白色,使用【直接选择工具】单击路径上的锚点可以将其选择,选择的锚点会显示为黑色,如图 7-8 所示。

使用【直接选择工具】在路径上进行拖动,可以选择所有的锚点。在文档窗口中拖动锚点可以改变路径的形状。拖动锚点两侧的方向点,可以改变曲线的形状,如图 7-9 所示。

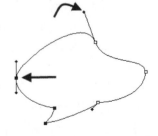

图 7-8 选择的锚点和未被选择的锚点　　图 7-9 使用【直接选择工具】改变路径的形状

7.1.3 【路径】面板简介

【路径】面板可以用来显示当前文档中的所有路径。选择【窗口】→【路径】命令,可以打开【路径】面板。【路径】面板的结构如图 7-10 所示。单击面板下方的按钮,能够实现填充路径、将路径转换为选区和删除路径等操作。

7.1.4　矢量图形路径的绘制

为了方便进行路径的绘制,Photoshop 提供了绘制矢量形状路径的工具。这些工具能够直接在图像中创建各种特殊形状的路径。工具箱中的形状工具如图 7-11 所示。使用这些工具能够绘制椭圆、多边形和直线等多种图形路径。同时,使用【自定形状工具】还能够绘制各种复杂的图形路径,如心形、树叶和箭头等路径。

图 7-10　【路径】面板

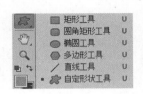

图 7-11　工具箱中的形状工具

7.1.5　路径应用实例——制作龙年邮票

1. 实例简介

本实例介绍使用路径来实现形状的绘制、填充及描边操作的过程。在本实例制作过程中,需要绘制一条矩形路径,然后通过【画笔工具】的属性调整得到点状画笔,再使用路径的描边功能形成邮票的锯齿,然后导入相关图像,再输入文字并设置相关内容的属性。

通过本实例的制作,读者将进一步理解路径的概念及功能,掌握有关路径的基本操作方法和操作技巧。

2. 实例制作步骤

(1) 启动 Photoshop CS6,按 Ctrl＋N 键打开【新建】对话框,在其中设置文档名称和大小,将文档存储为“龙年邮票.psd”,如图 7-12 所示。完成设置后,单击【确定】按钮,关闭对话框,完成新文档的创建。

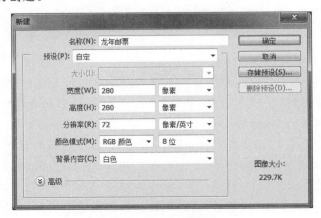

图 7-12　【新建】对话框

(2)将背景设置为黑色,如图 7-13 所示。

(3)用【矩形选框工具】创建一个矩形选区,如图 7-14 所示。

图 7-13　设置背景颜色

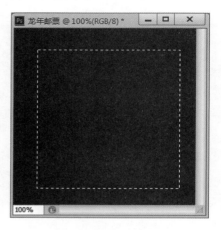

图 7-14　创建矩形选区

(4)在矩形选区中右击,在弹出的快捷菜单中选择【建立工作路径】命令,出现【建立工作路径】对话框。设置【容差】为 2 像素,如图 7-15 所示。单击【确定】按钮,此时矩形选区将转换为路径,如图 7-16 所示。

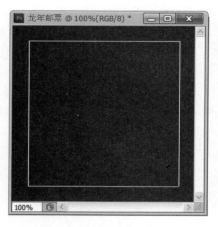

图 7-15　【建立工作路径】对话框

图 7-16　矩形路径

(5)按 D 键将前景色和背景色转换为默认颜色。

(6)新建一个图层,单击【路径】面板右上角的 按钮,打开面板菜单,如图 7-17 所示。选择其中的【填充路径】命令,弹出【填充路径】对话框,在【内容】选项组中的【使用】下拉列表框中选择【背景色】,如图 7-18 所示。

(7)单击【确定】按钮,关闭【填充路径】对话框。此时,文档窗口如图 7-19 所示。

(8)在【路径】面板中选择路径,单击右上角的 按钮,打开面板菜单,选择其中的【存储路径】命令,弹出【存储路径】对话框,保存路径为"路径 1",如图 7-20 所示。

(9)选择【画笔工具】,按 F5 键打开【画笔】面板,为画笔笔尖形状设置参数。其中,【大小】为 10 像素、【硬度】为 100%、【间距】为 160%,如图 7-21 所示。

图 7-17　面板菜单

图 7-18　【填充路径】对话框

图 7-19　填充路径效果

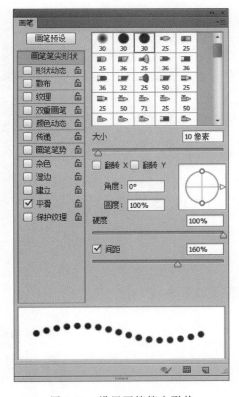

图 7-21　设置画笔笔尖形状

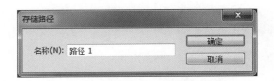

图 7-20　【存储路径】对话框

（10）在【路径】面板中选择路径 1，单击【路径】面板下方的【画笔描边路径】按钮，为路径设置描边效果，如图 7-22 所示。

（11）按 Ctrl＋H 键，隐藏当前路径。

（12）打开素材文件夹 part7 中的“碑刻.jpg”文件，将其拖入当前文档窗口中，如图 7-23 所示。调整图片大小，如图 7-24 所示。

（13）使用文字工具，输入“80 分”和“中国邮政”字样，设置文字属性，如图 7-25 所示。

图 7-22　描边路径

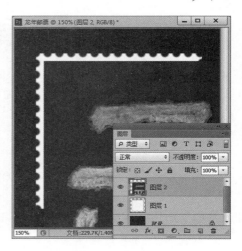
图 7-23　拖入图片

图 7-24　调整图片大小

图 7-25　输入文字

（14）至此，本实例制作完成。保存文档，完成本实例的制作。本实例的最终效果如图 7-26 所示。

图 7-26　本实例的最终效果

7.2　图　层　蒙　版

　　蒙版是一个重要的工具,既可以作为一个选择工具来使用,也可以作为一个遮罩,遮住图层中的某些区域。作为遮罩使用的蒙版,常常与图层和通道结合使用,蒙版的操作是结合图层和通道技术来实现其功能的。作为选择工具使用的快速蒙版,在本书的第 4 章已经做了介绍,这里不再赘述。本节将重点介绍图层蒙版的有关知识。

7.2.1　图层蒙版简介

　　图层蒙版是加在图层上的一个遮罩。使用图层蒙版能够遮蔽整个图层或图层组,也可以实现对图层中部分区域的遮盖。可以对图层蒙版进行各种编辑操作,还可向蒙版区域添加或删除内容。

　　图层蒙版实际上是一个 256 级灰度的图像,设计师可以像编辑普通图像那样对蒙版进行编辑修改。在图层蒙版上的操作,只能以灰度图像的形式来进行。其中,当前图层中与蒙版白色部分相对应的图像不会产生透明效果,即蒙版中白色区域不会透明显示其下图层的内容。而蒙版中的黑色区域相对应的部分是完全透明的,与这一部分相对应的下层图层的内容将会显示出来。与蒙版中的灰度部分相对应的部分将根据蒙版的灰度级产生不同程度的透视效果。打开素材文件夹 part7 中的"图层蒙版示例.psd"文件,添加线性渐变图层蒙版,图像效果如图 7-27 和图 7-28 所示。

图 7-27　添加图层蒙版后的【背景】图层显示

7.2.2　图层蒙版的基本操作

　　利用图层蒙版可以控制图层中不同区域的显示或隐藏,通过对蒙版的操作可以将大量的特效应用到图层中,而不会影响到该图层的像素。下面介绍图层蒙版的基本操作。

1. 图层蒙版的创建

　　在图像中,如果需要为整个图层添加图层蒙版,可以在【图层】面板中选择图层,单击面

图 7-28　添加图层蒙版后的【图层 1】显示

板下方的【添加蒙版】按钮 ，即可为当前图层添加一个图层蒙版。此时，图层蒙版为全白色的，当前图层内容将全部显示出来，如图 7-29 所示。

图 7-29　创建显示当前图层内容的蒙版

当按住 Alt 键并单击【添加蒙版】按钮 时，创建的图层蒙版将会是全黑色的，此时当前图层内容将被全部隐藏，如图 7-30 所示。

专家点拨：在【图层】面板中选择图层，选择【图层】→【图层蒙版】→【显示全部】命令，将创建一个能够显示当前图层全部内容的蒙版。如果选择【图层】→【图层蒙版】→【隐藏全部】命令，将会创建一个隐藏当前图层的图层蒙版。

在图层中创建选区，单击【创建图层蒙版】按钮 ，可以在图层中创建一个显示选区内容的图层蒙版，如图 7-31 所示。

如果按住 Alt 键并单击【创建图层蒙版】按钮 ，则会创建一个隐藏当前图层中选区内容的图层蒙版，如图 7-32 所示。

图 7-30 创建隐藏当前图层的图层蒙版

图 7-31 创建显示选区内容的图层蒙版

图 7-32 创建隐藏当前图层中选区内容的图层蒙版

🔘**专家点拨**：选择【图层】→【创建图层蒙版】→【显示选区】命令，将创建一个显示当前选区内容的图层蒙版。选择【图层】→【创建图层蒙版】→【隐藏选区】命令，将创建一个隐藏当前选区内容的图层蒙版。

2. 图层蒙版的删除

在完成图层蒙版的创建后，既可以应用蒙版使图层的改变永久化，又可以扔掉蒙版而不应用蒙版带来的更改。

单击【图层】面板中的蒙版缩览图选择图层蒙版，然后单击面板下方的【删除图层】按钮，Photoshop 将给出提示，如图 7-33 所示。单击对话框中的【删除】按钮，将删除当前蒙版而不应用蒙版所带来的效果改变。单击【应用】按钮将删除蒙版，但将应用蒙版所带来的图像效果的改变。

图 7-33　Photoshop 提示对话框

🔘**专家点拨**：选择【图层】→【图层蒙版】→【删除】命令，可以直接删除当前选择的图层蒙版而不应用蒙版效果。选择【图层】→【图层蒙版】→【应用】命令，将在删除图层蒙版的同时应用蒙版效果。

3. 图层蒙版的停用和启用

在【图层】面板中单击蒙版缩览图选择蒙版，选择【图层】→【图层蒙版】→【停用】命令，将停用图层蒙版。此时，图层蒙版上将会出现一个红"×"标志，图像将恢复到没有使用蒙版时的状态，如图 7-34 所示。要想重新启用已停用的图层蒙版，只需选择【图层】→【图层蒙版】→【启用】命令即可。

图 7-34　停用图层蒙版

7.2.3　图层的剪贴蒙版

剪贴蒙版是 Photoshop 中图层的一种特殊的合并方法。创建剪贴蒙版效果，实际上就是对图层进行剪贴分组的过程。当对两个图层进行剪贴分组后，下层的图层相当于一个蒙版，上层图层中的图像只能通过下层图层的形状显露出来。剪贴组中位于上层的图层将被赋予与下层图层相同的不透明度和图层混合模式。

打开素材文件夹 part7 中的"剪贴蒙版示例.psd"文件，如图 7-35 所示。这是一个包含多个图层的图像。图像中最上面的【图层 4】中的图像遮盖了下面图层的内容，下面将其与【图层 3】进行剪贴编组。

图 7-35　包含多个图层的图像

按住 Alt 键并在【图层 4】和【图层 3】之间的分界线处单击，即可创建这两个图层的剪贴组，获得剪贴蒙版效果。此时，【图层 3】的不透明区域中将显示出【图层 4】的图像，如图 7-36 所示。

图 7-36　创建剪贴组

如果要移除创建的剪贴蒙版,只需在两个图层间的分界线处按住 Alt 键并再次单击即可。

![专家点拨图标] **专家点拨**:在【图层】面板中选择位于上层的图层,选择【图层】→【创建剪贴蒙版】命令,可以创建当前图层和下层图层的剪贴蒙版。选择位于上层的图层,然后选择【图层】→【释放剪贴蒙版】命令,可以取消创建的剪贴蒙版。

7.2.4 图层蒙版应用实例——可爱的动物

1. 实例简介

本实例介绍使用图层蒙版来实现多个图像合成的方法和技巧。在本实例制作过程中,需要在图像中融合不同的素材图片,使用图层蒙版将这些不同的素材图片合成到同一张图片中。同时,将利用图层蒙版对图层的遮盖作用,使合成的图像能够显示不同图层中的不同区域的特效,获得富有层次感的图像效果。

通过本实例的制作,读者将理解使用蒙版合成图像的方法和技巧,掌握利用蒙版创建图像特效的基本思路,同时掌握在调整图层中使用蒙版来限制调整对象的方法。

2. 实例操作步骤

(1)启动 Photoshop CS6,打开素材文件夹 part7 中的"蓝天白云.bmp"文件。

(2)在【图层】面板中,将【背景】图层拖到面板下方的【创建新图层】按钮上,复制背景图层,如图 7-37 所示。

图 7-37 复制背景图层

(3)选择【滤镜】→【像素化】→【马赛克】命令,打开【马赛克】对话框。拖动【单元格大小】滑块,调整马赛克单元格的大小,如图 7-38 所示。

(4)完成设置后,单击【确定】按钮,应用滤镜效果。单击【图层】面板下方的【添加图层蒙版】按钮,为该图层添加图层蒙版。在工具箱中选择【矩形选框工具】,在蒙版中创建一个矩形选区,如图 7-39 所示。

(5)将前景色设置为黑色,在工具箱中选择【油漆桶工具】,在蒙版的选区中单击填充黑色。此时,选区中将显示下面背景层的图像,如图 7-40 所示。选择【选区】→【保存选区】命令,保存当前选区后,按 Ctrl+D 键取消矩形选区的选择。

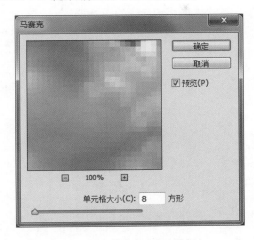

图 7-38　【马赛克】对话框

图 7-39　创建一个矩形选区

图 7-40　在蒙版的选区中填充黑色

（6）打开素材文件"狗群.bmp"，使用【移动工具】将图片拖放到当前图像中，调整图片的大小和位置，使其充满整个文档窗口。将该图层命名为"狗群"，如图 7-41 所示。

（7）单击【新建图层】按钮，在【狗群】图层的上方创建一个新图层。将前景色设置为白色，在工具箱中选择【渐变工具】，在工具选项栏中对该工具进行设置，如图 7-42 所示。在图层中从左上角向右下角创建线性渐变效果，如图 7-43 所示。

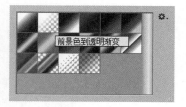

图 7-41　拖放素材图片到当前图像中　　　　　图 7-42　渐变选择

（8）选择【滤镜】→【滤镜库】命令，打开【滤镜库】对话框，展开【素描】文件夹，从中选择【半调图案】滤镜，在打开的【半调图案】对话框中将【大小】设置为 1，【对比度】设置为 5，如图 7-44 所示。

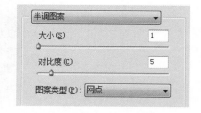

图 7-43　创建线性渐变　　　　　　图 7-44　设置【半调图案】滤镜效果

（9）单击【确定】按钮，关闭对话框，应用滤镜效果。按 Ctrl＋E 键，将【图层 1】和【狗群】图层合并。此时图像的效果如图 7-45 所示。

（10）单击【添加图层蒙版】按钮，为【狗群】图层添加一个图层蒙版。载入步骤 5 中保存的选区，按 Ctrl＋Shift＋I 键将选区反选。将前景色和背景色分别设置为黑色和白色。选择工具箱中的【渐变工具】，在蒙版中从左向右拖动鼠标创建渐变效果，如图 7-46 所示。

图 7-45　合并图层后的图像效果

图 7-46　在蒙版中使用渐变获得的图像效果

（11）取消选区的选择，单击【图层】面板下方的【创建新的填充或调整图层】按钮，选择菜单中的【色彩平衡】命令，创建一个色彩平衡调整图层。在该色彩平衡调整图层的【属性】面板中调整图像中间调的色彩，如图 7-47 所示。在【色调】下拉列表框中选择【阴影】选项，调整图像阴影的色彩，如图 7-48 所示。在【色调】下拉列表框中选择【高光】选项，调整图像高光区域的色彩，如图 7-49 所示。

（12）再次载入步骤 5 中保存的选区，将选区反选。将前景色设置为黑色，使用【油漆桶工具】在蒙版中的选区内单击，以黑色填充蒙版中的选择区域。此时，图像中的选区将恢复为原来的色调，如图 7-50 所示。

（13）打开素材文件夹 part7 中的"小狗.bmp"文件，将其复制到图像中。调整其大小和位置，并将其所在的图层命名为"小狗"，如图 7-51 所示。

图 7-47　调整中间调色彩　　　　图 7-48　调整阴影色彩　　　　图 7-49　调整高光色彩

图 7-50　使选区恢复为原来的色调

图 7-51　复制小狗素材

专家点拨：调整图层和填充图层带有与图层链接的图层蒙版，使用蒙版可以限制色调调整或填充所作用的图像范围，使色彩的调整或填充只对图像的特定区域起作用。其原理与图层蒙版的原理是一样的。

（14）单击【添加图层蒙版】按钮，为该图层添加一个图层蒙版。在工具箱中选择【画笔工具】，在工具选项栏中选择一个柔性的画笔笔尖，用黑色在蒙版中涂抹，去除图片中的背景，如图 7-52 所示。

图 7-52　去除背景

（15）调整图片大小、位置及图层不透明度，如图 7-53 所示。

图 7-53　调整图片大小及位置

（16）为图像创建文字"Lovely Pet"，其参数设置如图 7-54 所示。为文字层添加图层样式效果，如图 7-55 所示。

（17）至此，本实例制作完成。合并所有可见图层，将文件保存为需要的格式。本实例的最终效果如图 7-56 所示。

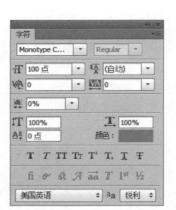

图 7-54　添加文字

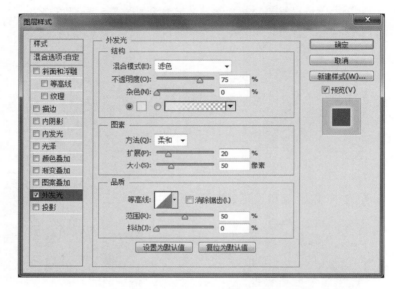

图 7-55　添加图层样式

图 7-56　本实例的最终效果

7.3　通　　道

在 Photoshop 中,通道主要用于保存颜色数据。对于不同颜色模式的图像,其通道也不尽相同。如,RGB 颜色模式的图像有红、绿和蓝 3 个颜色通道和一个由它们合成的复合通道(即 RGB 通道)。对单个通道或对多个通道进行操作,往往能创造出意想不到的图像效果。

7.3.1　通道基础

Photoshop 的通道包括颜色通道、复合通道、Alpha 通道和专色通道这几种,它们分别存储有不同的信息,在图像中起着不同的作用。本节将介绍它们的有关知识。

1. 颜色通道和复合通道

用于存储颜色信息的通道称为颜色通道。在 Photoshop 中,每个图像都有一个或多个颜色通道。图像默认的颜色通道数是由图像的颜色模式所决定的。例如,RGB 颜色模式的图像在默认情况下有 3 个颜色通道,分别为红、绿和蓝通道。CMYK 颜色模式图像有 4 个颜色通道,分别为青色、洋红、黄色和黑色通道。在默认情况下,位图模式、灰度模式、双色调模式和索引色模式的图像都只有 1 个颜色通道,而 RGB 颜色模式和 Lab 颜色模式的图像有 3 个颜色通道。

通道用于存储颜色信息。通道的叠加获得了图像的像素颜色,叠加后的颜色信息存储在复合通道中。例如,对于 RGB 颜色模式的图像来说,其包含红、绿和蓝 3 个颜色通道,这3 个通道中对应位置的像素颜色混合,就得到了图像最终显示的颜色。RGB 图像的通道构成,可以在【通道】面板中看到,这里的 RGB 通道即为复合通道。打开素材文件夹 part7 中的"花.bmp"文件,选择【通道】面板,如图 7-57 所示。

图 7-57　【通道】面板中的通道构成

单个的颜色通道显示为灰色,以不同的灰度级别来表示不同亮点级别的颜色。对于一般的 8 位图像来说,灰度图有 0～255 个灰度级别,这也就意味着通道有 0～255 个亮度级。显示为灰色的颜色通道如图 7-58 所示。

图 7-58   显示为灰色的颜色通道

2. Alpha 通道

Alpha 通道用于保存图像中创建的选区。当图像中创建的选区被保存后,就会获得一个新增通道,这种新增通道即为 Alpha 通道。通过 Alpha 通道可以实现对选区的保存和编辑。如图 7-59 所示,图像中创建的椭圆形选区便被保存在了 Alpha 通道中。

图 7-59   椭圆形选区和 Alpha 通道

Alpha 通道也是使用灰度来表示的。其中的白色部分表示完全选择的区域,黑色部分表示未被选择的区域,而灰色部分则表示选择的过渡,相当于选区的羽化区域。

3. 专色通道

专色通道是一种特殊的混合油墨代替,也可以将其附加到图像的颜色油墨中,用于指定专色油墨印刷的附加印版。每个专色通道都有一个属于自己的印版,在打印一个包含有专色通道的图像时,这个通道将会被单独打印输出。

7.3.2 【通道】面板简介

Photoshop 提供了【通道】面板来创建和管理通道，同时用于查看通道的编辑效果。选择【窗口】→【通道】命令，可以打开【通道】面板，如图 7-60 所示。下面对【通道】面板的结构进行介绍。

1. 通道列表

在【通道】面板中将列出图像中所有的通道。各类通道在【通道】面板中的堆叠次序为最上方的是复合通道，然后是单个的颜色通道、专色通道，最后是 Alpha 通道。

在【通道】面板中将显示通道的缩览图，缩览图会显示通道的内容，对通道的修改将在缩览图中显示。在通道的缩览图后将显示通道的名称，专色通道和 Alpha 通道的名称是可以自定义的，而颜色通道和复合通道的名称不能改变。

图 7-60　【通道】面板

2. 功能按钮

与【图层】面板一样，在【通道】面板的下方有用于对通道进行操作的功能按钮，包括【将通道作为选区载入】按钮 ⊕ 、【将选区存储为通道】按钮 ▣ 、【创建新通道】按钮 ▣ 和【删除通道】按钮 ▥ ，使用它们能够进行与通道有关的操作。

3. 面板菜单

单击【通道】面板右上角的 ▾▤ 按钮将打开面板菜单，如图 7-61 所示，使用其中命令能够进行与通道有关的各种操作。

这里选择该面板菜单中的【面板选项】命令，打开【通道面板选项】对话框，在该对话框中可设置通道缩览图的大小，如图 7-62 所示。

图 7-61　【通道】面板菜单

图 7-62　【通道面板选项】对话框

7.3.3 通道的基本操作

通道的操作包括创建新通道、复制通道、删除通道以及分离和合并通道等，下面对通道的操作进行简单介绍。

1. 创建新通道

单击【通道】面板右上角的 按钮打开面板菜单,在该菜单中选择【新建通道】命令,打开【新建通道】对话框,如图 7-63 所示。下面介绍该对话框中各设置项的作用。

图 7-63 【新建通道】对话框

- 在【名称】文本框中输入通道名称,如果没有定义,则通道名称默认为 Alpha1、Alpha2 和 Alpha3 等。
- 在【色彩指示】选项组中选择【被蒙版区域】单选按钮,则新建通道中有颜色的区域为蒙版区域,即非选择区域,无色区域为选择区域。此时,创建的新通道将是一个纯黑色的区域,表示没有任何区域被选择。选择【所选区域】单选按钮,则通道中的有颜色区域为选择区域,无颜色区域为蒙版区域。
- 单击【颜色】选项组中的色块 ■ 会打开【拾色器(通道颜色)】对话框,可设置显示的蒙版颜色,如图 7-64 所示。在【不透明度】文本框中输入数值,可设定蒙版的不透明度。

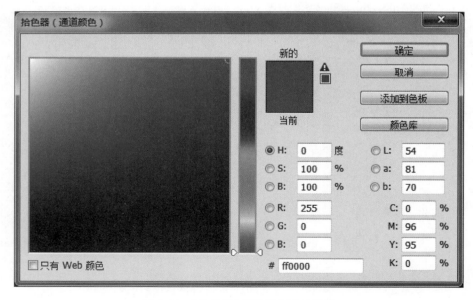

图 7-64 【拾色器(通道颜色)】对话框

单击【确定】按钮关闭【新建通道】对话框，创建一个新通道，如图 7-65 所示。

　　 专家点拨：如果希望使用默认的设置来建立通道，也可单击【通道】面板中的【创建新通道】按钮 直接创建一个新通道。

2. 复制通道

通道可以在图像中或不同的图像间进行复制。选择需要复制的通道，打开面板菜单，在其中选择【复制通道】命令，打开【复制通道】对话框，如图 7-66 所示。下面介绍该对话框中各设置项的作用。

图 7-65　创建新通道

图 7-66　【复制通道】对话框

- 【复制：×为】文本框用于设定复制通道的名称。
- 在【目标】选项组的【文档】下拉列表框中，如果选择当前图像的名称，则通道将复制到原图像中。如果选择【新建】选项，在 Photoshop 会新建一个文档，将通道复制到该文档中。
- 当在【文档】下拉列表框中选择【新建】选项时，【名称】文本框将可用。该文本框用于设定新建文档的名称。
- 当勾选【反相】复选框时，复制通道的颜色反相显示，即原来的黑色将变为现在的白色。

3. 删除通道

如果 Alpha 通道较多，会增加图像文件磁盘空间的占用，为了减小文件的尺寸，可以删除不需要的 Alpha 通道，以节省磁盘空间。

在 Photoshop 中，图像中的复合通道是不能删除的，但其他的（包括颜色通道在内）所有通道都可以被删除。删除通道的操作很简单，在【通道】面板中选择需要删除的通道，单击面板中的【删除当前通道】按钮 ，Photoshop 会给出提示对话框，如图 7-67 所示，单击【确定】按钮即可将当前选择的通道删除。

图 7-67　Photoshop 提示对话框

4. 分离和合并通道

Photoshop 允许将图像文件中的通道作为文件保存。打开一个图像文件，单击【通道】面板右上角的 按钮打开面板菜单，选择其中的【分离通道】命令，图像将被分离为 3 个独立文件，它们分别保存原图像的红色、绿色和蓝色通道信息，如图 7-68 所示。

在完成上面的分离通道的操作后，选择其中一个文件，再次打开面板菜单，该菜单中的

图 7-68　分离通道

【合并通道】命令可用。选择该命令,将打开【合并通道】对话框,在【模式】下拉列表框中选择
【RGB 颜色】选项,如图 7-69 所示。

　　单击【确定】按钮打开【合并 RGB 通道】对话框,在该对话框中指定各颜色通道,如图 7-70
所示。

图 7-69　【合并通道】对话框　　　　　　　　图 7-70　【合并 RGB 通道】对话框

　　单击【确定】按钮关闭【合并 RGB 通道】对话框,灰度图像将被合并为一个图像,如图 7-71
所示。

5. 创建专色通道

　　单击【通道】面板右上角的 ▼≡ 按钮打开面板菜单,选择该菜单中的【新建专色通道】命
令,打开【新建专色通道】对话框,如图 7-72 所示。

图 7-71　灰度图像合并为一个图像　　　　　图 7-72　【新建专色通道】对话框

完成设置后单击【确定】按钮关闭【新建专色通道】对话框,即可在图像中创建一个专色通道,如图 7-73 所示。

专家点拨:双击【通道】面板中的专色通道,将打开专色通道选项对话框,该对话框中的设置项与【新建专色通道】对话框完全一样,使用该对话框可以对专色通道进行设置。另外,在面板菜单中选择【合并专色通道】命令可以将专色通道合并到颜色通道中。

6. 将 Alpha 通道转换为专色通道

在【通道】面板中双击 Alpha 通道,可打开【通道选项】对话框,如图 7-74 所示。在【色彩指示】选项组中选择【专色】单选按钮,在【颜色】选项组中设置通道的颜色,在【不透明度】文本框中设置专色通道的专色密度,然后单击【确定】按钮关闭【通道选项】对话框,即可将当前通道转换为专色通道。

图 7-73　新建专色通道　　　　　　图 7-74　【通道选项】对话框

7.3.4　通道应用实例——手表广告

1. 实例简介

本实例介绍一个手表广告中的文字特效的制作。在本实例制作过程中,利用通道来保存不同的文字选区,同时,通过对通道的编辑对选区进行修改,以编辑过的通道选区为依据对图像进行编辑,从而获得有特色的文字效果。

通过本实例的制作,读者将对通道的特性有深入的理解,掌握通道的创建、通道的复制和通道的删除等基本的通道操作。同时,读者还将掌握通道中图像的修改方法,以及掌握使用通道修改选区和快速保存多个选区的方法。

2. 实例操作步骤

(1)启动 Photoshop CS6,打开素材文件夹 part7 中的"手表广告.psd"文件。

(2)使用【横排文字工具】在图像中添加文字,然后在文字图层上右击,选择【栅格化文字】命令,将文字图层转换为普通图层,此时图像的效果如图 7-75 所示。

(3)按住 Ctrl 键单击文字图层,将文字作为选区快速载入。然后打开【通道】面板,单击【将选区存储为通道】按钮,创建一个 Alpha 通道,将选区保存为通道,如图 7-76 所示。

图 7-75　创建文字

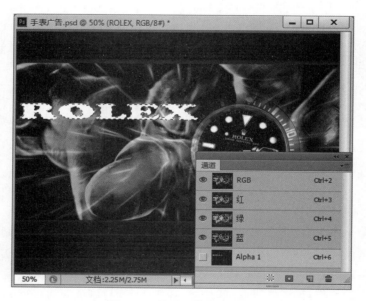

图 7-76　将选区保存为通道

（4）将 Alpha1 通道拖到【通道】面板的【创建新通道】按钮上，创建 Alpha1 通道的一个副本——【Alpha1 副本】通道，如图 7-77 所示。

（5）选择【选择】→【修改】→【羽化】命令，打开【羽化选区】对话框，在其中将【羽化半径】设置为 4，如图 7-78 所示。然后单击【确定】按钮关闭【羽化选区】对话框，再单击【将选区存储为通道】按钮，将羽化后的选区保存为 Alpha2 通道，如图 7-79 所示。

（6）选择 Alpha1 副本通道，然后选择【选择】→【变换选区】命令，选区被变换框框住，按键盘上的方向键向右下轻移选区，使选区与文字稍微分开，如图 7-80 所示。

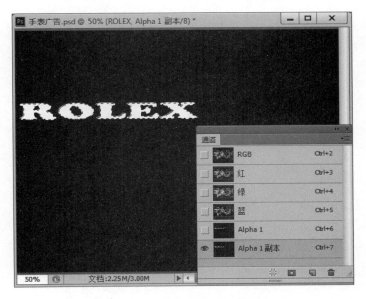

图 7-77　创建 Alpha1 通道的副本

图 7-78　【羽化半径】对话框

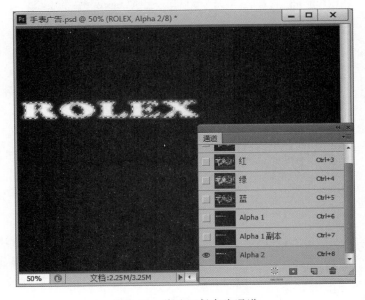

图 7-79　将选区保存为通道

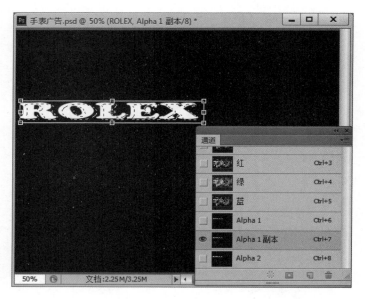

图 7-80　轻移选区

　　(7) 将背景色设置为黑色,按 Delete 键以背景色填充选区,此时通道中图像的效果如图 7-81 所示。

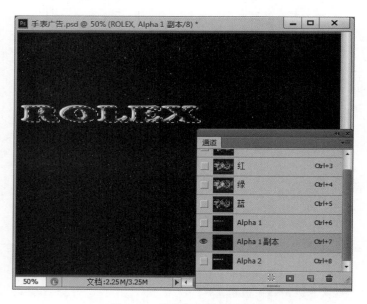

图 7-81　以背景色填充选区

　　(8) 复制 Alpha1 通道为【Alpha1 副本 2】通道,然后采用与上面相同的方法将选区向文字的左上角轻移,按 Delete 键以黑色的背景色填充选区,此时通道中图像的效果如图 7-82 所示。

　　(9) 选择 Alpha2 通道,按 Ctrl 键单击得到选区。然后选择【选择】→【修改】→【收缩】命令,在打开的【收缩选区】对话框中设置【收缩量】为 4,如图 7-83 所示。接着打开【羽化选区】对话框,将【羽化半径】设置为 2,如图 7-84 所示。

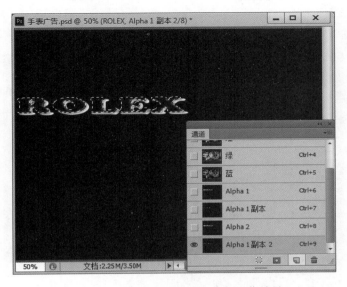

图 7-82　以背景色填充选区后的图像效果

图 7-83　【收缩选区】对话框

图 7-84　【羽化选区】对话框

（10）完成选区的修改后，按 Ctrl＋Shift＋I 键反转选区。然后将背景色设为黑色，按 Delete 键以背景色填充选区。接着按 Ctrl＋D 键取消选区，此时通道中的图像效果如图 7-85 所示。

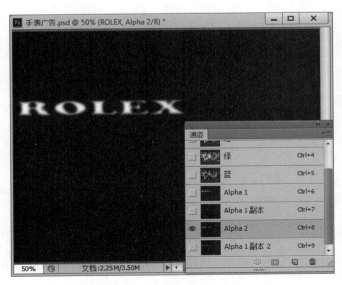

图 7-85　通道中的图像效果

　　(11) 在【通道】面板中单击 RGB 复合通道,然后打开【图层】面板,在【图层】面板中将文字所在的图层复制两个,如图 7-86 所示。

图 7-86　复制文字图层

　　(12) 在【图层】面板中选择【ROLEX】图层,然后选择【编辑】→【变换】→【旋转 90°(顺时针)】命令,将文字顺时针旋转 90°。接着选择【滤镜】→【风格化】→【风】命令,打开【风】对话框,对滤镜效果进行设置,如图 7-87 所示。

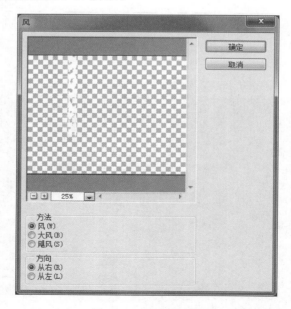

图 7-87　【风】对话框

　　(13) 单击【确定】按钮关闭【风】对话框,应用【风】滤镜效果,然后按 Ctrl+F 键两次,重复刚才的滤镜操作。使用【风】滤镜后的图像效果如图 7-88 所示。

图 7-88　使用【风】滤镜后的图像效果

（14）再次选择【滤镜】→【风格化】→【风】命令，打开【风】对话框，选择【从左】单选按钮，单击【确定】按钮应用滤镜。然后同时按 Ctrl＋F 键，重复应用滤镜效果两次。此时文字的效果如图 7-89 所示。

图 7-89　再次应用【风】滤镜后的图像效果

（15）选择【编辑】→【变换】→【旋转 90°（逆时针）】命令，将文字恢复为水平放置，如图 7-90 所示。

（16）选择【ROLEX 副本】图层，使用相同的设置对该图层中的图像分别按从左和从右的方式多次应用【风】滤镜，此时图像的效果如图 7-91 所示。

图 7-90　将文字恢复为水平放置

图 7-91　多次运用【风】滤镜后的文字效果

　　(17) 选择【ROLEX 副本 2】图层,将其顺时针旋转 90°。然后分别从左和从右多次使用【风】滤镜,将图层中的图像逆时针旋转 90°,还原为水平放置,此时文字的效果如图 7-92 所示。

　　(18) 按 Ctrl＋E 键,将【ROLEX 副本 2】和【ROLEX 副本】图层合并为【ROLEX 副本】图层。然后选择【滤镜】→【模糊】→【高斯模糊】命令,打开【高斯模糊】对话框,将【半径】设置为 2,如图 7-93 所示。单击【确定】按钮应用滤镜,此时获得的图像效果如图 7-94 所示。

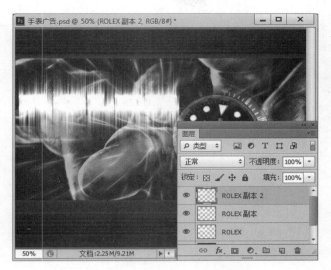

图 7-92 使用滤镜后的文字效果

图 7-93 【高斯模糊】对话框

图 7-94 应用滤镜后的图像效果

（19）打开【通道】面板，单击 Alpha1 通道将选区载入。然后回到【图层】面板，单击【创建新图层】按钮创建一个新图层——【图层 1】。设置前景色为绿色"R:154,G:203,B:51"，使用前景色填充选区。此时图像的效果如图 7-95 所示。

（20）在【通道】面板中单击【Alpha1 副本】通道，将其作为选区载入。在【图层】面板中单击【创建新的填充或调整图层】按钮，选择【色阶】命令，打开色阶【属性】面板，在其中向右拖动【输出色阶】中的黑色滑块，如图 7-96 所示。然后关闭色阶【属性】面板，添加【色阶】调整图层，此时选区中的图像被加亮，如图 7-97 所示。

（21）在【通道】面板中单击【Alpha1 副本 2】通道再次载入选区，然后在【图层】面板中单击【创建新的填充或调整图层】按钮，选择【色阶】命令，打开色阶【属性】面板。同样在色阶【属性】面板中将【输出色阶】中的黑色滑块向右移，如图 7-98 所示，添加【色阶】调整图层，此时图像的效果如图 7-99 所示。

图 7-95　使用前景色填充选区

图 7-96　拖动【输出色阶】的黑色滑块

图 7-97　选区中的图像被加亮

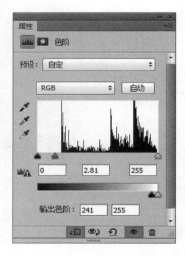

图 7-98　调整【色阶】

（22）将【通道】面板中的 Alpha2 选区载入，然后创建第 3 个色阶调整图层，在色阶【属性】面板中拖动【输入色阶】的黑色和灰色滑块的位置，将图像调暗，如图 7-100 所示，此时图像的效果如图 7-101 所示。

（23）在【图层】面板中选择【ROLEX】图层，然后选择【滤镜】→【模糊】→【高斯模糊】命令，打开【高斯模糊】对话框。在该对话框中将【半径】设置为 1.2，如图 7-102 所示。单击【确定】按钮关闭对话框，应用滤镜效果。在【图层】面板中选择【ROLEX 副本】图层，按 Ctrl＋E 键将【ROLEX】图层和【ROLEX 副本】图层合并为一个图层，此时图像的效果如图 7-103 所示。

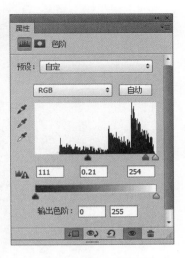

图 7-99 添加调整图层后的图像效果　　　　　　　　图 7-100　【色阶】的设置

图 7-101　添加第 3 个调整图层后的图像效果

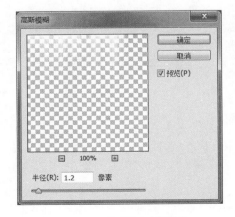

图 7-102　设置【半径】的值

图 7-103　使用滤镜且合并图层后的图像效果

　　(24) 按住 Ctrl 键单击合并后的图层,快速载入选区。单击【创建新的填充或调整图层】按钮,选择【色彩平衡】命令,打开色彩平衡【属性】面板,在其中调整中间调的色彩,如图 7-104 所示。选择【阴影】选项,调整选区中暗调区域的色彩,如图 7-105 所示。选择【高光】选项,调整选区中高光区域的色彩,如图 7-106 所示。此时图像的效果如图 7-107 所示。

图 7-104　调整中间调　　　　　　图 7-105　调整暗调　　　　　　图 7-106　调整高光

　　(25) 在【图层】面板中选择除【背景】图层以外的所有图层,在工具箱中选择【移动工具】,调整文字及其在图像中的位置,如图 7-108 所示。

　　(26) 合并所有图层,保存文件,完成本实例的制作。本实例的最终效果如图 7-109 所示。

图 7-107 添加【色彩平衡】调整图层后的图像效果

图 7-108 选择图层并调整对象的位置

图 7-109　本实例的最终效果

7.4　本 章 小 结

　　本章介绍了 Photoshop 中路径、图层蒙版和通道的有关知识。首先介绍了路径的基本知识,包括路径的建立、转换、填充、描边等操作;然后介绍了图层蒙版的有关知识,包括图层蒙版的作用、图层蒙版的删除、图层蒙版的创建和图层蒙版的启用与停用等基本操作知识;最后从通道的基本概念入手,介绍了通道的基本操作和应用。通过本章的学习,读者将了解路径、蒙版和通道的含义,理解路径、蒙版和通道在图像处理中的作用,熟悉路径、蒙版和通道的有关操作,从而能够灵活地使用路径、蒙版和通道创作出精彩的作品。

7.5　本 章 习 题

一、填空题

　　1. 在 Photoshop 中,路径是指用户绘制的由一系列点连接起来的＿＿＿＿＿ 和＿＿＿＿＿,路径实际上是＿＿＿＿构成的线条或图形。路径是由一条相交或不相交的直线或曲线组合而成的,可以是封闭的,也可以是开放的。封闭路径＿＿＿＿起点,而开放路径有＿＿＿＿端点。路径一般包括＿＿＿＿、＿＿＿＿控制柄和方向点这几个构成要素。

　　2. 图层蒙版是加在图层上的一个遮罩,使用图层蒙版能够＿＿＿＿整个图层或图层组,也可实现对图层中部分区域的＿＿＿＿。图层蒙版实际上是一个＿＿＿＿级灰度的图像,蒙版中白色区＿＿＿＿其下图层的内容,而蒙版中的黑色区域相对应的部分是＿＿＿＿,与蒙版中的灰度部分相对应的部分将根据蒙版的灰度级产生不同程度的＿＿＿＿。

　　3. 用于存储颜色信息的通道称为＿＿＿＿。在默认情况下,位图模式、灰度模式、双色调模式和索引色模式都只有_____个颜色通道,RGB 和 Lab 图像有_____个颜色通道。通道的叠加获得了图像的像素颜色,叠加后的颜色信息存储在_____中。

4．单个的颜色通道显示为_____,以不同的灰度级别来表示不同亮点级别的颜色。对于一般的 8 位图像来说,灰度图有_____个灰度级别,这也就意味着通道有_____个亮度级。

二、选择题

1．在绘制开放路径时需要按下什么键结束操作?（　　　）

    A．Ctrl   B．Shift   C．Alt   D．Tab

2．如果要创建一个全黑的图层蒙版,应该采用下面哪种操作?（　　　）

    A．单击 ▣ 按钮   B．按 Alt 键单击 ▣ 按钮

    C．单击 ◰ 按钮   D．按 Alt 键单击 ◰ 按钮

3．下面哪个按钮可在通道中创建一个新的通道?（　　　）

    A．◯   B．▣   C．◰   D．🗑

4．下面哪个命令不在【通道】面板的面板菜单中?（　　　）

    A．【新建通道】   B．【新建专色通道】

    C．【分离通道】   D．【将通道作为选区载入】

5．下面哪种方法无法完成选定通道的复制?（　　　）

    A．按 Ctrl＋C 键复制通道后按 Ctrl＋V 键粘贴通道

    B．在【通道】面板的通道上右击,选择【复制通道】命令

    C．将需要复制的通道拖放到【通道】面板的 ◰ 按钮上

    D．在【通道】面板的面板菜单中选择【复制通道】命令

7.6　上机练习

练习 1　绘制卡通人物

绘制图 7-110 所示的卡通人物。

图 7-110　卡通人物

以下是主要制作步骤提示。

（1）使用【自定形状工具】绘制背景中的星星。

（2）使用路径工具勾勒人物头部和头发，并使用画笔描边的方式获得人物线条。

（3）将路径转换为选区，使用填充工具填充颜色，给人物上色。

练习 2　功夫小子

绘制卡通人物——功夫小子，如图 7-111 所示。

以下是主要制作步骤提示。

（1）使用路径工具勾勒人物外形。

（2）将路径转换为选区后填充颜色。

（3）勾勒脚步祥云的形状，利用图层样式制作阴影效果获得立体感。

图 7-111　功夫小子

练习 3　艳丽的花朵

打开素材文件夹 part7 中的"练习 3 素材.bmp"文件，如图 7-112 所示，使用蒙版创建如图 7-113 所示的黑白图片中的彩色效果。

图 7-112　需处理的图片

图 7-113　黑白图片中的彩色效果

以下是主要制作步骤提示。

（1）复制背景图层。

（2）使用【去色】命令将复制图层的图像变为黑白图像，使用【色阶】命令增加黑白图像的亮度。

（3）为复制图层添加图层蒙版，使用画笔工具以黑色在蒙版中涂抹露出黄色的花朵。

练习 4 通道调色

打开素材文件夹 part7 中的"练习 4 素材.bmp"文件，如图 7-114 所示，使用通道对颜色进行修改，为该图片添加霞光效果。调整后的效果如图 7-115 所示。

图 7-114 需处理的图片

图 7-115 图像处理后的效果

以下是主要制作步骤提示。

在【通道】面板中选择【红】通道，使用【色阶】命令将通道加亮即可。

第 8 章

文字的应用

文字是平面设计的一个重要组成部分,文字能够表达作品的主题和作者的思想,传达必要的信息。无论是在书籍、海报、各种类型的广告中以及其他类的设计作品中,文字都是设计的重点。在图像中加入精美的文字往往能够起到画龙点睛的作用。通过文字的变化可以表达设计者的设计思想,体现某种风格,增强作品的视觉效果。

本章介绍文字的应用,主要包括以下内容。

- Photoshop 中的文字。
- 文字格式的设置。
- 文字的变化。

8.1 Photoshop 中的文字

文字几乎是所有平面设计作品中不可或缺的元素,本节首先介绍使用 Photoshop 创建文字的方法。

8.1.1 Photoshop 的文字工具

Photoshop 提供了专门的文字工具来创建各种形式的文字,它们包括【横排文字工具】、【直排文字工具】、【横排文字蒙版工具】和【直排文字蒙版工具】,如图 8-1 所示。

使用 Photoshop 的文字工具在图像中创建文字的方式有两种,分别是使用点文字方式和段落文字方式。所谓的点文字,指的是在输入文字时文字是独立的,该行文字在输入过程中不会自动换行。在工具箱中选择文字工具,在图像上需要创建文字的位置单击创建文字的输入点,在单击点

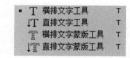

图 8-1　工具箱中的文字工具

处输入需要的文字,此时创建的就是点文字。这种文字的输入方法比较简单,适合于输入单行文字。点文字在输入时无法实现自动换行,在换行时需要按 Enter 键来实现,如图 8-2 所示。

在输入大段文字时可以使用段落文字方式。在创建段落文字时,首先拖动鼠标创建定界框指定文字的输入范围,在定界框内可直接输入文字,文字能够实现自动换行,如图 8-3 所示。

专家点拨:当输入的文字超过了定界框的范围时,文字将溢出。此时在定界框右下角的控制柄将显示为溢出标志⊞。通过拖动段落定界框上的控制柄能够对段落定界框进行缩放,能够实现定界框的旋转、斜切和透视变换。若定界框的大小发生改变,文字会根据定界框的大小自动重排。

图 8-2　点文字方式

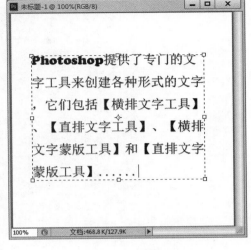

图 8-3　段落文字方式

选择工具箱中的文字工具,使用工具选项栏可以对创建文字的格式进行设置。文字工具的工具选项栏如图 8-4 所示。

图 8-4　文字工具的选项栏

8.1.2　文字应用实例——作品展宣传海报

1. 实例简介

本实例介绍一个招贴宣传海报的制作。本实例在制作过程中首先制作海报背景,这里使用【反相】命令和【色调分离】命令来对背景图像进行处理,获得具有视觉冲击力的图像效果。使用文字工具添加海报所需的标题和说明文字,同时利用【直排文字蒙版工具】创建修饰性文字。

通过本实例的制作,读者将熟悉文字的创建和文字字体、字号和颜色的设置方法。同时,还将掌握改变文字和对文字进行旋转变换的方法,以及蒙版文字的使用方法。

2. 实例制作步骤

(1) 启动 Photoshop CS6,打开素材文件夹 part8 中的"宣传画背景.bmp"文件,将文档保存为"宣传招贴.psd"文件。

(2) 在工具箱中选择【矩形选框工具】,在图像中绘制一个矩形选框。

(3) 对选区内的图像进行反相、色调分离、渐变映射(渐变列表中的铜色渐变)等操作,得到如图 8-5 所示的图像效果。

(4) 按 Ctrl+D 键取消选区,并创建一个新图层。使用【矩形选框工具】在图层中创建一个矩形选区,设置前景色(颜色值为"R:34,G:177,B:75"),使用【油漆桶工具】为选区填充颜色,如图 8-6 所示。

(5) 选择【选择】→【变换选区】命令,用鼠标拖动选区将其右移,再次使用【油漆桶工具】为选区填充颜色,此时使用的颜色值为"R:158,G:123,B:57",图像的效果如图 8-7 所示。

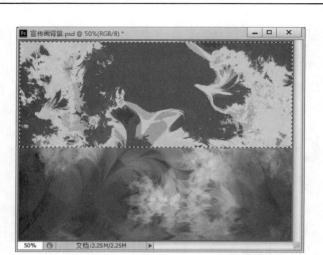

图 8-5 应用渐变映射后的图像效果

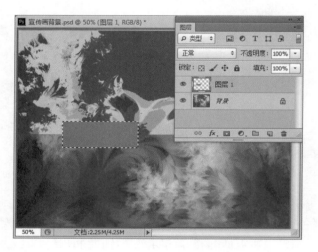

图 8-6 为选区填充颜色

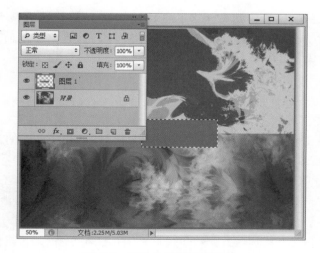

图 8-7 再次为选区填充颜色

（6）按 Ctrl＋D 键取消选区，在工具箱中选择【横排文字工具】，然后在图像中单击创建文字图层，并输入文字"新视界"。

（7）按 Ctrl＋Enter 键完成文字的输入。在工具选项栏中设置文字的字体为"华文行楷"、字号为"72"，同时将文字的颜色设置为白色并消除锯齿。在工具箱中选择【移动工具】，拖动文字，将文字放置于上一步绘制的绿色框的中心，如图 8-8 所示。

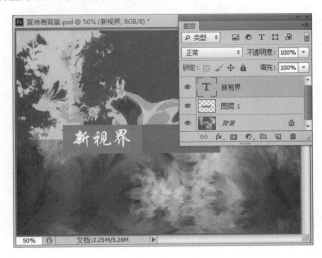

图 8-8　在图像中创建文字

（8）再次创建文字图层"作品展"，将文字颜色改成黑色，其他设置与前面的操作类似，如图 8-9 所示。

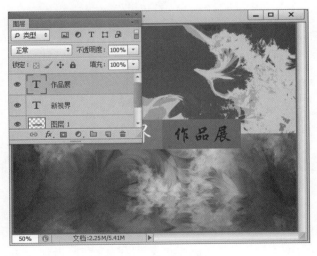

图 8-9　文字的设置

（9）使用【横排文字工具】在图像中创建"时间：2012.6.1～2012.6.30"，在工具选项栏中设置文字的字体、字号和颜色。

（10）使用相同的设置创建地址和主办单位信息文字。

（11）在【图层】面板中选择"时间：2012.6.1～201……"文字所在的图层。按 Ctrl＋T

键，文字被变换框包围。拖动变换框角上的控制柄，对文字进行旋转及大小变换。完成变换后，按 Ctrl＋Enter 键确认变换操作，此时的文字效果如图 8-10 所示。

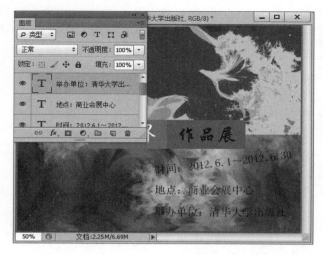

图 8-10　旋转文字后的效果

（12）打开素材文件夹 part8 中的"宣传招贴素材.bmp"文件，使用【移动工具】将其拖到当前文档中，如图 8-11 所示。

图 8-11　打开素材文件

（13）在工具箱中选择【直排文字蒙版工具】，设置文字的字体和字号，然后在图像中单击，输入文字"GRAPHIC DESIGN"创建直排文字蒙版，直接拖动蒙版文字到需要的地方。按 Ctrl＋Enter 键完成文字蒙版的创建，此时可以得到一个文字选区，如图 8-12 所示。

（14）在工具箱中选择【矩形选框工具】，在工具选项栏中选择【添加到选区】，在文字选区左侧添加一个矩形选区，如图 8-13 所示。

（15）按 Ctrl＋Shift＋I 键将选区反转，按 Delete 键删除选区内容，如图 8-14 所示。

图 8-12　获得文字选区

图 8-13　添加矩形选区

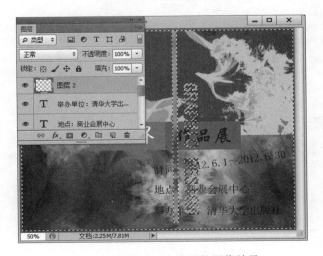

图 8-14　删除选区内容后的图像效果

　　(16) 按 Ctrl＋D 键取消选区,然后选择工具箱中的【移动工具】,将图层中的对象移动到图像的左侧。在【图层】面板中双击对象所在的图层,打开【图层样式】对话框,为图层添加【描边】效果,描边的颜色值为"R:34,G:177,B:75",大小为 3 像素。

　　(17) 在工具箱中选择【横排文字工具】,设置文字样式后在图像中创建文字"新视界设计室"和"创意作品展示",如图 8-15 所示。

图 8-15　描边及输入文字效果

　　(18) 选中图层 1,将填充矩形所在图层的【不透明度】值设置为 60％,并对本实例的文字位置及角度进行适当调整,效果满意后将文件保存为需要的格式。本实例的最终效果如图 8-16 所示。

图 8-16　本实例的最终效果

8.2 文字格式的设置

无论是单独的文字还是段落文本,在创建完成后都需要对其格式进行修改。不同的文本格式会获得不同的文字外观,设计精美的文字外观是作品中不可或缺的要素。

8.2.1 【字符】面板和【段落】面板的使用

【字符】面板和【段落】面板提供了与工具选项栏相类似的功能,但其功能更为强大,具有更多的设置项,能够方便用户对字符的样式进行更为详细和具体的设置。

1.【字符】面板

选择【窗口】→【字符】命令,可打开【字符】面板,如图 8-17 所示。

专家点拨:如果要打开【字符】面板,可以单击文字工具的工具选项栏中的【显示或隐藏字符和段落面板】按钮 ▤ 。

2.【段落】面板

选择【窗口】→【段落】命令可以打开【段落】面板,如图 8-18 所示。使用【段落】面板能设置段落中文字的对齐方式、段落的首行缩进方法,以及段落前添加空格的规则等。

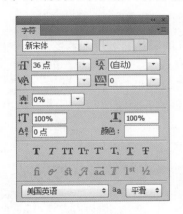

图 8-17 【字符】面板

图 8-18 【段落】面板

8.2.2 【字符】和【段落】面板应用实例——讲座宣传海报

1. 实例简介

本实例介绍讲座宣传海报的制作。在本实例的制作中,使用【横排文字工具】和【直排文字工具】创建各种不同作用的文字。使用【字符】面板根据文字在图像中的作用设置文字的字体、字号、颜色以及字符的间距,获得各种变化的文字效果,使文字在传递信息的同时也起到了装饰图像的效果。

通过本实例的制作,读者将了解使用【字符】面板来设置字符样式的方法,包括字符的字体、字号、字间距和字符的颜色等。同时,读者将了解不同的字符样式带来的不同的图像效果,掌握文字在宣传类作品中所起的作用。

2. 实例制作步骤

（1）启动 Photoshop CS6，设置背景色（其颜色值为"R：160，G：125，B：60"）。按 Ctrl＋N 键打开【新建】对话框，在该对话框中设置文档名称和大小，并将【背景内容】设置为【背景色】，如图 8-19 所示。完成设置后单击【确定】按钮创建一个新文档，并将文档另存为"讲座宣传海报.psd"文件。

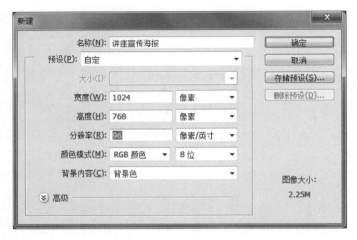

图 8-19 【新建】对话框中的设置

（2）复制【背景】图层，在工具箱中选择【矩形选框工具】，然后在该图层中创建一个矩形选区，将前景色设置为黑色，使用【油漆桶工具】填充选区。再次选择【矩形选框工具】，将选区拖放到图像的底部，对选区填充黑色。此时，获得的效果如图 8-20 所示。

（3）在【图层】面板中单击【创建新图层】按钮，创建一个新图层。在工具箱中选择【椭圆选框工具】，在工具选项栏中将其【羽化】值设置为 30。使用该工具在图层中绘制一个圆形选区。使用【油漆桶工具】以白色填充选区，如图 8-21 所示。

图 8-20 创建选区并填充颜色

图 8-21 创建选区并以白色填充选区

（4）按 Ctrl＋D 键取消当前选区。再创建一个新图层，选择【椭圆选框工具】，在工具选项栏中将【羽化】值设置为 0。在图层中创建圆形选区，将前景色设置为比背景稍淡的颜色（颜色值为"R：202，G：172，B：134"），使用【油漆桶工具】以此前景色填充选区。此时，图像的效果如图 8-22 所示。按 Ctrl＋D 键取消选区，按 Ctrl＋E 键合并【图层 2】和【图层 1】，获得一个淡淡的圆月效果。

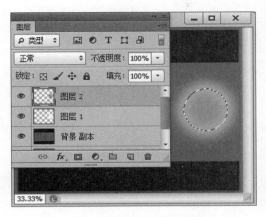

图 8-22 创建并填充选区

（5）在工具箱中选择【直排文字工具】，在图像中创建"中秋"两字。按 Ctrl＋ Enter 键取消文字的输入状态后打开【字符】面板，设置文字的字体和字号，并将颜色设置为白色，如图 8-23 所示。

（6）在文字图层上双击打开【图层样式】对话框，为图层添加【投影】效果，设置【距离】为 14 像素，其他为默认值。单击【确定】按钮关闭【图层样式】对话框，在【图层】面板中将图层的【不透明度】设置为 50%。此时，图像的效果如图 8-24 所示。

图 8-23 创建文字并设置其字体和字号

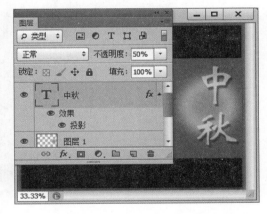

图 8-24 修改图层的【不透明度】值

（7）在工具箱中选择【直排文字工具】，使用该工具在图像中拖出一个段落文字定界框，输入苏轼的词"水调歌头"。在【字符】面板中设置文字的字体、字号和行间距，如图 8-25 所示。

（8）复制该图层，将其放置于【背景 副本】图层上面，并将该图层的【不透明度】设置为 10%。拖动段落文字定界框的控制柄使定界框占据整个图像，在【字符】面板中重新设置文字的字体、字号和行间距。完成设置后在图像中获得书法文字底纹效果，如图 8-26 所示。

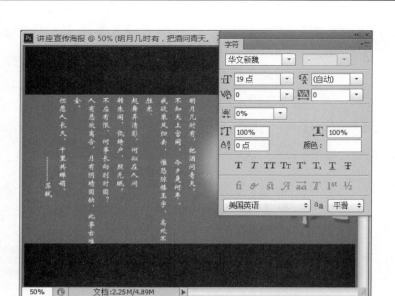

图 8-25　创建文字并设置字符样式

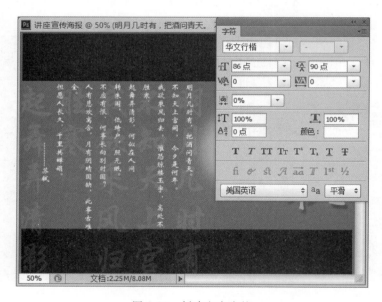

图 8-26　创建文字底纹

　　(9) 使用【直排文字工具】在图像中创建诗的标题文字,然后用【横排文字工具】输入"专家讲坛"及时间、地点等信息,并在【字符】面板中设置字体、字号和字符的字间距,如图 8-27所示。

　　(10) 打开素材文件夹 part8 中的"云饰. bmp"文件,使用【魔棒工具】选择白色背景,然后按 Ctrl＋Shift＋I 键得到云饰的区域,使用【移动工具】将云饰拖到当前文件中,为图像添加两个云饰装饰图像,并调整位置及大小,将云饰所在图层的【不透明度】值均设置为 80%,最后调整图像中对象的相对位置,完成调整后合并图层,将文档保存为需要的格式。本实例的最终效果如图 8-28 所示。

图 8-27　创建文字并设置字符样式

图 8-28　实例的最终效果

8.3　文字的变化

　　文字是平面设计作品中的一个重要的构成要素,通过对文字进行变形,可以在作品中创建出与众不同的效果,为作品增色。

8.3.1　文字的变形

　　Photoshop 为文字提供了多种变形方式,变形能够扭曲文字成各种形状,例如将文字变形为波浪形或扇形等。

选择图像中的文字,在工具选项栏中单击 按钮(即【创建文字变形】按钮),打开【变形文字】对话框。在该对话框的【样式】下拉列表框中选择 Photoshop 提供的文字变形的样式,选择样式后拖动对话框中的各设置项滑块,能够对文字的变形做进一步的修改。图 8-29 所示为对文字应用【扇形】变形后的效果。

图 8-29 文字应用【扇形】变形效果

8.3.2 沿路径排列的文字

在 Photoshop 中可以创建沿着绘制好的路径排列的文字。在创建路径后可以使文字沿着路径上锚点添加的方向排列。创建的沿路径的横排文字将与路径垂直。如果是沿路径排列的直排文字,文字的方向与路径平行。移动或更改路径,文字会自动适应新的路径。图 8-30 所示为沿路径排列的文字效果。

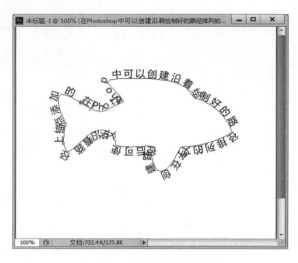

图 8-30 沿路径排列的文字

8.3.3　封套文字

在 Photoshop 中,在矢量图形内部可以输入文本段,输入的文本段会自动根据矢量图形的形状换行,就好像把文字放在特定形状的封套中一样,图 8-31 所示为放置于心形图形封套中的文字效果。

8.3.4　字形的编辑

Photoshop 能够对文字的字形进行编辑修改。右击文字图层,选择【转换为形状】命令,能够将文字转换为矢量形状,使用矢量工具对形状进行修改可以创建任意形状的文字。图 8-32 所示为使用矢量工具编辑后的文字效果。

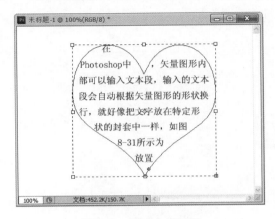

图 8-31　封套文字效果

图 8-32　使用矢量工具编辑后的文字效果

8.3.5　文字变形效果应用实例——房地产项目 logo

1. 实例简介

本实例介绍一个房地产项目 logo 的制作。logo 的主体文字通过文字工具来创建,并使用【字符】面板设置字符样式。将字符转换为形状后使用路径工具对文字进行变形处理。绘制圆形路径,创建沿这个圆形路径的文字,以此来获得 logo 中需要的圆形环绕文字效果。在创建文字字形后,使用【样式】面板为文字添加样式效果,同时使用路径工具创建修饰性图形。

通过本实例的制作,读者将进一步熟悉文字形状的改变方法,了解汉字字形设计的技巧。同时,读者能够进一步熟悉创建沿路径的文字效果的方法,了解字符样式设置在创建文字特效时所起的作用。

2. 实例制作步骤

(1) 启动 Photoshop CS6,按 Ctrl+N 键打开【新建】对话框。在【新建】对话框中对新文档进行设置,如图 8-33 所示。完成设置后单击【确定】按钮关闭对话框,创建一个新文档,将文档保存为"房地产 logo.psd"文件。

(2) 在工具箱中选择【横排文字工具】,在图像中创建文字"城市花园",并在【字符】面板中设置文字样式,如图 8-34 所示。

(3) 在【图层】面板的文字图层上右击,选择【转换为形状】命令。这里首先修改"城"字

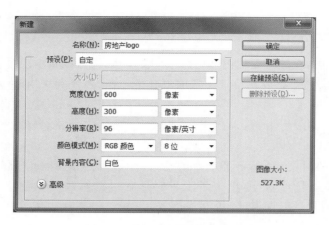

图 8-33　【新建】对话框的设置

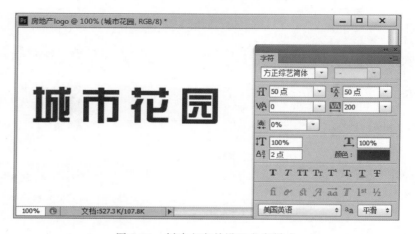

图 8-34　创建文字并设置文字样式

的形状,按 Ctrl＋＋键将图像放大,使用【直接选择工具】选择形状上的锚点,拖动锚点拉长图形,使用【增加锚点工具】适当增加锚点,调整图形的形状,如图 8-35 所示。

　　(4) 使用【直接选择工具】选择"花"字上的"化"的撇上的锚点,按 Delete 键删除这一撇,如图 8-36 所示。

图 8-35　修改"城"字的形状

图 8-36　删除"花"字上的一撇

　　(5) 使用【增加锚点工具】适当增加锚点,拖动锚点修改形状,用获得的形状代替删掉的"花"字的一撇,如图 8-37 所示。

（6）继续修改"花"字的形状，使用【删除锚点工具】删除"花"右下角的折笔画上的锚点，如图 8-38 所示。

图 8-37 使用形状代替"花"字的那一撇   图 8-38 修改"花"字的右下折笔画

（7）调整好折笔画所在的位置，使用【直接选择工具】选择"花"字草字头右侧的竖上的锚点，将竖线删除。使用【自定形状工具】绘制一朵小花，将其放置在原来竖线所在的位置，用小花来装饰文字。使用【自定形状工具】再绘制一朵小花，其放置位置如图 8-39 所示。

（8）对"市"字进行变形，如图 8-40 所示。

图 8-39 绘制两朵小花   图 8-40 对"市"字进行变形

（9）在【图层】面板的形状图层上右击，选择【栅格化图层】命令，将形状图层转换为普通图层。打开【样式】面板，为图层添加【雕刻天空（文字）】样式效果，如图 8-41 所示。

图 8-41 为图层添加样式效果

（10）在【图层】面板中创建两个新图层。在工具箱中选择【矩形工具】，在文字上方绘制矩形形状，对矩形形状应用与文字相同的样式，并复制矩形图层，使用移动工具放在文字下方，此时图像的效果如图 8-42 所示。

图 8-42 绘制矩形形状并应用样式

（11）选择【横排文字工具】，创建文字"轶凡"。在【字符】面板中设置文字的字体、字号、垂直缩放量和字距。完成文字样式设置后为文字添加相同的图层样式效果，如图 8-43 所示。

图 8-43 输入文字并应用样式

（12）在工具箱中选择【椭圆工具】，在工具选项栏中选择【路径】工具模式。使用【椭圆工具】绘制一个圆形路径，并输入相关文字，如图 8-44 所示。

（13）在【字符】面板中设置文字样式，对文字应用与前面相同的文字效果，如图 8-45 所示。

（14）选择【直排文字工具】，输入项目宣传语，并设置文字的字体、字号。然后为文字添加与前面文字相同的样式效果，如图 8-46 所示。

（15）再根据需要对 logo 增加一些修饰，具体步骤这里不再详述。

图 8-44　输入沿路径的文字

图 8-45　添加样式效果

图 8-46　为文字添加样式效果

（16）合并所有图层，将文件保存为需要的格式，完成本实例的制作。本实例的最终效果如图 8-47 所示。

图 8-47　本实例的最终效果

8.4　本 章 小 结

平面设计作品中的文字不仅是信息的载体，也是作品中不可或缺的增色元素。本章主要介绍了使用 Photoshop 创建各类文字的方法、对文字样式进行设置的方法，同时还介绍了对文字进行变形以创建各种文字效果的方法和技巧。通过本章的学习，读者能够熟练应用 Photoshop 的各种文字工具创建文字，并能够根据需要设置文字样式，掌握创建变形文字的方法。

8.5　本 章 习 题

一、填空题

1. Photoshop 提供了专门的文字工具来创建各种形式的文字，它们包括【横排文字工具】、_____、【横排文字蒙版工具】和_____。

2. 使用 Photoshop 的文字工具可以在图像中创建两种文字，它们是_____。所谓的点文字，指的是在输入文字时文字是_____，该行文字在输入过程中不会自动换行。在输入大段文字时，为了方便文字的输入，可以使用_____，此时需要先使用文字工具在图像中拖出_____，再输入文字。

3. 选择_____，可打开【字符】面板，在【字符】面板中可设置字符的字体、字号、行间距、文字颜色、水平缩放、垂直缩放、字符间距等。

4. 选择_____命令可以打开【段落】面板，使用【段落】面板可设置段落的首行缩进量、段落对齐方式、段落的左缩进和右缩进、段落前添加空格量和段落后添加空格量等。

5. 在 Photoshop 中可以创建沿着绘制好的路径排列的文字，在创建路径后可使文字沿着路径上_____的方向排列。创建的沿路径的横排文字将_____。如果是沿路径排列的直排文字，文字的方向_____。移动或更改路径，文字会自动适应新的路径。

二、选择题

1. 在使用点文字方式输入时，如果需要换行，此时需要按（　　）键。

A．Shift＋Enter　　　B．Ctrl＋Enter　　　C．Alt＋Enter　　　D．Enter

2．在对文字进行变形时需要执行（　　）操作。

A．栅格化 　　　　　　　　　　　　B．转换为矢量图形

C．直接变形 　　　　　　　　　　　D．无法变形

3．文字可以沿路径排列，当创建沿路径的横排文字时，文字将与路径（　　）。

A．垂直　　　　　　B．水平　　　　　　C．内部对齐　　　　D．边缘对齐

4．在矢量图形内部可以输入文本段，输入的文本段会自动根据矢量图形的形状换行，此种方式称为（　　）。

A．定位　　　　　　B．对齐　　　　　　C．目标　　　　　　D．封套

8.6 上机练习

练习 1 文字的变形特效

创建图 8-48 所示的文字变形效果。

以下是主要制作步骤提示。

（1）输入文字，设置字体、字号以及颜色。

（2）效果 1 使用【上弧】变形样式。

（3）效果 2 使用【凸起】变形样式。

（4）效果 3 使用【挤压】变形样式。

练习 2 文字图案

创建图 8-49 所示的文字特效。

以下是主要制作步骤提示。

（1）使用【自定形状工具】绘制心形和螺旋线。

（2）使用【横排文字工具】制作沿路径的文字。

（3）设置文字的字体、字号和颜色。

图 8-48　创建文字变形效果　　　　　图 8-49　文字特效

练习3 展览宣传广告

制作宣传广告,效果如图 8-50 所示。

图 8-50 展览宣传广告

以下是主要制作步骤提示。

(1) 打开背景素材图片和脸谱素材,在图像中仿制脸谱,设置作为背景的脸谱所在图层的不透明度。

(2) 使用【直排文字工具】创建海报中的直排文字"中国民间艺术展",设置字体、字号和颜色,并为文字图层添加图层样式效果。

(3) 使用【横排文字工具】分别输入"脸"和"谱"字,设置字体、字号和颜色,并为文字所在图层添加图层样式效果。

(4) 分别输入底部和顶部的文字,设置字体、字号和颜色。

(5) 分别创建海报下部的拼音文字,设置不同的字号,同时设置所在图层的不透明度。

图像处理自动化

在 Photoshop 中,利用动作功能可以在处理图像时同时完成多项命令,该功能类似于 Word 中的宏功能。通过将多步操作记录下来,在编辑图像时 Photoshop 可以自动执行多步操作,无须设计师再一步一步完成这些操作。使用动作能够简化图像操作的步骤,提高图像处理的效率,在处理多个图像时获得一致的效果。本章将重点介绍 Photoshop CS6 的动作功能,同时介绍自动处理图像的【自动】子菜单命令的应用。

本章介绍图像的自动化处理,主要包括以下内容。

- 动作简介。
- 动作的操作。
- 自带动作集的应用。
- 【自动】子菜单命令。

9.1 动作简介

Photoshop 的动作是将一系列的命令组合为一个单独的操作,是一种对图像进行多步骤操作时的批处理,使用动作能够大大提高工作效率。在 Photoshop 中对动作的各项操作是通过【动作】面板来完成的。【动作】面板有两种模式,下面分别进行介绍。

1. 列表模式

选择【窗口】→【动作】命令可以打开【动作】面板。在默认情况下,【动作】以列表模式显示。此时,【动作】面板的结构如图 9-1 所示。

2. 按钮模式

在 Photoshop 中可以选择使用按钮模式来显示动作。单击【动作】面板右上角的 打开面板菜单,选择其中的【按钮模式】命令,【动作】面板将以按钮模式显示,如图 9-2 所示。

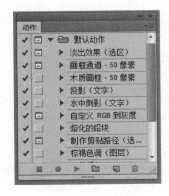

图 9-1 【动作】面板的结构

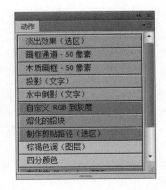

图 9-2 【动作】面板的按钮模式

在按钮模式下,【动作】面板中的动作将以按钮形式显示。如果要播放某个动作,只需单击该动作的按钮即可。在这种模式下动作是无法进行编辑和修改的。

9.2 动作的操作

使用【动作】面板能够创建新动作、播放动作、对动作进行各种编辑操作。本节将介绍使用【动作】面板的方法。

9.2.1 动作顺序的调整

对于录制好的动作,可以在【动作】面板中对其命令重新排序,以改变命令执行的顺序。在【动作】面板中选择命令,将该命令拖放到需要的位置即可实现命令排列顺序的调整,如图 9-3 所示。命令排列顺序的改变意味着命令执行顺序的改变,会带来与原动作不同的效果。

图 9-3　调整命令的顺序

9.2.2 动作的保存和载入

动作在录制后,Photoshop 会保留该动作,但重装载 Photoshop 会使这个动作丢失。如果动作需要长期保留,可将动作以 *.ATN 文件格式保存在磁盘上。具体的操作方法是选择动作所在的组,在【动作】面板菜单中选择【存储动作】命令,打开【存储】对话框,如图 9-4 所示,在该对话框中设置动作保存的文件名和文件保存的位置,单击【确定】按钮即可将动作保存在磁盘上。

图 9-4　【存储】对话框

如果需要使用动作文件中的动作,可将动作载入到 Photoshop 中。载入动作的方法是在【动作】面板中打开面板菜单,选择【载入动作】命令,打开【载入】对话框,如图 9-5 所示,然后选择需要载入的动作文件,单击【确定】按钮即可将其载入【动作】面板。

图 9-5　【载入】对话框

专家点拨:在【动作】面板菜单中选择【替换动作】命令也能打开【载入】对话框,选择动作后将替换【动作】面板中所有的动作。

9.2.3　插入菜单项目

使用【插入菜单项目】命令能够将许多不可记录的命令插入到创建的动作中。具体的操作方法是在【动作】面板中选择动作中的命令插入菜单项目的位置,在面板菜单中选择【插入菜单项目】命令,打开【插入菜单项目】对话框,如图 9-6 所示,在菜单栏中选择需要插入的菜单命令,单击【确定】按钮即可将菜单命令添加到动作中。

图 9-6　【插入菜单项目】对话框

9.2.4　插入停止

用户创建的动作可以包含停止,这样可以使动作在执行时停下来执行某些无法记录的操作,如使用画笔工具绘图等。同时,通过插入停止可以在动作中插入提示信息,如提示用户下一步要进行的操作。

在动作中插入停止,可采用下面的方法实现。首先在【动作】面板中选择命令确定需要插入停止的位置,然后在【动作】面板的面板菜单中选择【插入停止】命令,打开【插入停止】对话框,在【信息】文本域中输入停止信息文字,如图 9-7 所示,单击【确定】按钮即可在动作中插入一条名为"停止"的命令,将其展开可以看到添加的停止信息,如图9-8所示。

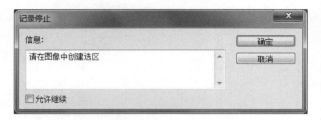

图 9-7 添加停止信息   图 9-8 插入停止

9.2.5 动作应用实例——婚纱照背景批量制作

1. 实例简介

在创建婚纱效果图时往往需要将背景图片调整为特殊色调,使用动作能够快速进行相同套系照片背景的处理,本实例介绍这种动作的一般制作步骤。在本实例的制作中首先录制对图像的操作过程,然后对录制的动作进行编辑修改。在编辑修改时,为了能够选择处理的图片和将处理的图片根据需要保存,使用【插入菜单项目】命令来插入【打开】和【存储为】命令。为了增强动作在使用过程中的灵活性,在动作系列中插入了停止动作,同时使操作命令对话框在动作执行时可见,使用户能够对命令参数进行修改。

通过本实例的制作,读者将了解动作的录制方法,掌握动作的编辑技巧和菜单命令的添加方式,掌握在动作序列中添加提示的方法以及使动作执行过程中命令设置对话框可见的方法。

2. 实例制作步骤

(1) 启动 Photoshop CS6,打开素材文件夹 part9 中的"瀑布.bmp"文件。

(2) 打开【动作】面板,单击面板中的【创建新组】按钮,打开【新建组】对话框。在【名称】文本框中输入组名,如图9-9所示。单击【确定】按钮,在【动作】面板中创建一个动作组,如图9-10所示。

图 9-9 【新建组】对话框   图 9-10 创建一个动作组

(3) 在【动作】面板中单击【创建新动作】按钮,打开【新建动作】对话框。在该对话框中设置动作名称和颜色,如图9-11所示。单击【记录】按钮,在【动作】面板中创建一个新动作,如图9-12所示。此时,【动作】面板的【开始记录】按钮 ⬤ 处于按下状态。

(4) 打开【通道】面板,选择其中的【蓝】通道。选择【图像】→【应用图像】命令,打开【应用图像】对话框。然后勾选该对话框中的【反相】复选框,将【混合】设置为【正片叠底】,将【不透明度】设置为50%,如图9-13所示。单击【确定】按钮,关闭该对话框,此时在【动作】面板中将记录下上面两个操作步骤。在展开【应用图像】命令后可以看到该命令的参数设置情况，如图 9-14 所示。

图 9-11　【新建动作】对话框

图 9-12　在【动作】面板中创建新动作

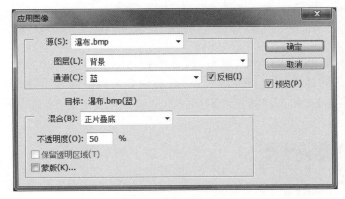

图 9-13　【应用图像】对话框中的设置

图 9-14　【动作】面板中记录完成的操作

（5）在【通道】面板中选择【绿】通道，选择【图像】→【应用图像】命令，打开【应用图像】对话框。在该对话框中勾选【反相】复选框，将【混合】同样设置为【正片叠底】，并将【不透明度】值设置为 25％，如图 9-15 所示。单击【确定】按钮，关闭【应用图像】对话框，【动作】面板将记录刚才的操作，如图 9-16 所示。

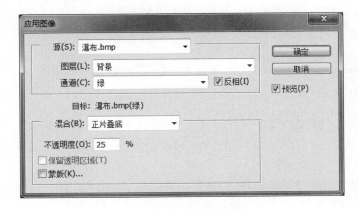

图 9-15　【应用图像】对话框

图 9-16　【动作】面板中的记录

（6）在【通道】面板中选择【红】通道，选择【图像】→【应用图像】命令，打开【应用图像】对话框。在该对话框中将【混合】设置为【颜色加深】，如图 9-17 所示。单击【确定】按钮，关闭该对话框,此时【动作】面板中将记录刚才完成的操作,如图 9-18 所示。

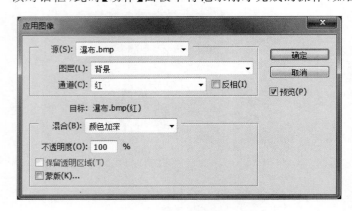

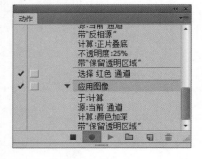

图 9-17 【应用图像】对话框中的设置　　　　图 9-18 【动作】面板中添加记录

(7)在【通道】面板中选择 RGB 通道,按 Ctrl+L 键打开【色阶】对话框,调整红色通道的输入色阶值,如图 9-19 所示。按照同样的方法,在【色阶】对话框中分别调整绿色通道和蓝色通道的输入色阶的值。单击【确定】按钮,关闭【色阶】对话框,色阶调整被记录在【动作】面板中,如图 9-20 所示。

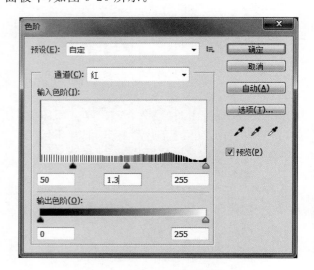

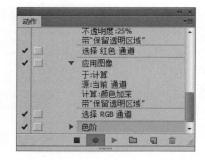

图 9-19 调整红色通道的色阶值　　　　图 9-20 色阶调整添加到【动作】面板中

(8)选择【图像】→【调整】→【亮度/对比度】命令,打开【亮度/对比度】对话框。在该对话框中设置图像的亮度和对比度,如图 9-21 所示。单击【确定】按钮,此操作被记录在【动作】面板中,如图 9-22 所示。

(9)按 Ctrl+U 键,打开【色相/饱和度】对话框,适当调整图像的色相和饱和度的值,如图 9-23 所示。单击【确定】按钮,关闭【色相/饱和度】对话框,操作被记录在【动作】面板中,如图 9-24 所示。

(10)单击【停止播放/记录】按钮 ,完成动作的录制。按上面操作获得的图像效果如图 9-25 所示。

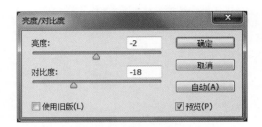

图 9-21　设置图像的亮度和对比度

图 9-22　添加调整亮度和对比度的操作

图 9-23　【色相/饱和度】对话框

图 9-24　记录【色相/饱和度】命令

图 9-25　图像处理后的效果

（11）在【动作】面板中选择【选择蓝色通道】命令，在面板菜单中选择【插入菜单项目】命令，打开【插入菜单项目】对话框。选择【文件】→【打开】命令，此时【插入菜单项目】对话框中将显示【文件：打开】菜单命令，如图 9-26 所示。单击【确定】按钮关闭对话框，即可将该菜单命令插入到动作序列中，如图 9-27 所示。在【动作】面板中将该命令拖放到动作序列的顶端，如图 9-28 所示。

图 9-26　选择的菜单项在【插入菜单项目】对话框中显示

图 9-27　菜单命令插入到动作序列中　　　　图 9-28　将命令拖放到动作序列的顶端

专家点拨：这里的操作使动作在执行时会自动弹出【打开】对话框，用户可以选择需要进行处理的背景图像。如果在录制动作时就录制了打开某个图像文件的操作，那么在每次动作播放时都会打开录制动作时的那个文件。

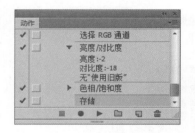

图 9-29　添加【存储为】命令

(12) 使用相同的方法在动作序列的末尾添加【存储为】命令，如图 9-29 所示。这样，在动作执行到最后时会打开【存储为】对话框，由用户选择文件保存的位置和格式。

(13) 在【动作】面板中选择【亮度/对比度】命令，在面板菜单中选择【插入停止】命令，打开【记录停止】对话框。在该对话框中输入提示信息，并且勾选【允许继续】复选框，如图 9-30 所示。单击【色相/饱和度】命令前的【切换对话开关】按钮，使按钮中出现黑色图标 ☐，如图 9-31 所示。

图 9-30　【记录停止】对话框中的设置　　　图 9-31　单击【切换对话开关】按钮

专家点拨：在这里，当动作执行时将会出现提示对话框，提示操作者调整有关参数的值。使按钮中出现黑色图标 ☐，动作执行时将出现【色相/饱和度】对话框，用户能够根据具体的图像来设置有关参数，为用户使用动作提供了更多的方便。

(14) 在【动作】面板中选择动作所属的组，在面板菜单中选择【存储动作】命令。此时，

Photoshop 会打开【存储】对话框,如图 9-32 所示。在该对话框中选择动作存储的位置和文件名称,单击【确定】按钮存储当前创建的动作组。

图 9-32　【存储】对话框

9.3　自带动作集的应用

Photoshop 自带了多个动作集,其中动作按完成任务的不同分为多种类型,可实现多种不同的功能,为各种对象创建不同的效果。下面以实例的形式介绍 Photoshop 自带的典型动作的使用方法。

9.3.1　【画框】动作组的使用

【画框】动作组中包含 14 个动作,使用这些动作能自动为图像添加边框效果。下面介绍【画框】动作组的使用方法。

(1)启动 Photoshop CS6,打开素材文件夹 part9 中的"画框动作.bmp"文件。

(2)单击【动作】面板右上角的 ▼≣ 按钮,打开面板菜单,选择【画框】命令,将【画框】动作组载入【动作】面板,如图 9-33 所示。

🔖**专家点拨**:Photoshop CS6 自带的动作安装在 Photoshop CS6 的安装目录下的"Adobe Photoshop CS6\Presets\Actions"中,也可以直接使用【载入动作】命令载入。

(3)在【动作】面板中选择需要使用的动作,例如【波形画框】动作,单击【播放选定的动作】按钮 ▶ 。动作开始执行,图像被添加边框效果,如图 9-34 所示。

图 9-33　载入【画框】动作组

图 9-34 添加边框

9.3.2 【文字效果】动作组的使用

Photoshop 提供了【文字效果】动作组,该动作组中的动作可用于创建各种文字特效。下面介绍【文字效果】动作组中动作的使用方法。

(1)启动 Photoshop CS6,打开素材文件夹 part9 中的"文字特效动作. bmp"文件。

(2)使用【横排文字工具】在图像中创建文字,如图 9-35 所示。

图 9-35 输入文字

(3)选择【动作】面板菜单中的【文字效果】命令载入动作组,如图 9-36 所示。

(4)播放【粗轮廓线(文字)】动作为文字添加特效,动作执行后的文字效果如图 9-37 所示。

(5)播放【木质镶板(文字)】动作为文字添加特效,动作执行后的文字效果如图 9-38 所示。

图 9-36　载入【文字效果】动作组

图 9-37　文字加粗效果

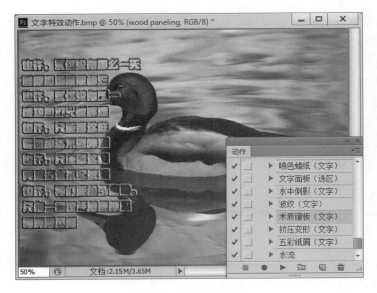

图 9-38　木质文字效果

专家点拨：除了上面介绍的动作组外,Photoshop CS6 还提供了很多常用的动作组, 例如【纹理】动作组、【图像效果】动作组、【默认】动作组、【命令】动作组、【处理】动作组、【视频 动作】动作组等,读者可以自己练习掌握这些动作的用法。

9.4　【自动】子菜单命令

在 Photoshop 的【文件】菜单下有一个【自动】子菜单,使用【自动】子菜单中的命令能够 简化图像的编辑操作,提高图像处理的效率。本节对【自动】子菜单命令进行介绍。

9.4.1　【批处理】命令的使用

Photoshop 中的【批处理】命令是一个非常实用的命令,它能依照用户设定的动作实现 自动化操作,将一些烦琐的工作交给计算机独立完成,从而减少用户的工作量,提高工作效 率。下面介绍【批处理】命令的使用方法。

(1) 新建文件夹"批处理源文件夹"和"批处理效果文件夹",将准备处理的文件放入文 件夹"批处理源文件夹"中。

(2) 选择【文件】→【自动】→【批处理】命令,打开【批处理】对话框,分别设置【动作】、 【源】、【目标】项目,如图 9-39 所示。

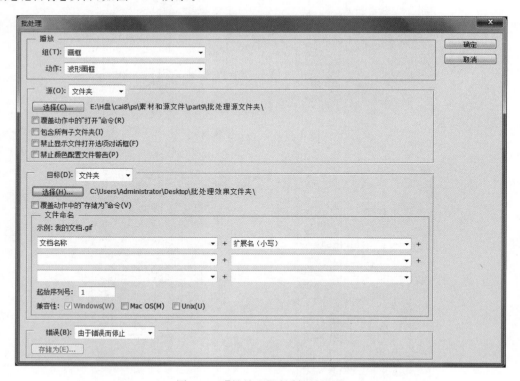

图 9-39　【批处理】对话框的设置

(3) 完成设置后 Photoshop 将按照设置对源文件夹中的图像依次使用选择的动作效 果,在效果文件夹中可以看到执行所选择动作后的效果图像。

9.4.2　【镜头校正】命令的使用

　　Adobe 在升级 Photoshop CS6 时增加了一个自动镜头校正功能,主要的改进是增加了利用数码照片拍摄数据信息自动修正图像的几何失真、修饰图像周边曝光不足的暗角晕影以及修复边缘出现彩色光晕的色像差的功能。下面介绍【镜头校正】命令的使用方法。

　　(1)新建文件夹"校正源文件夹"和"校正目标文件夹",将准备处理的文件放入文件夹"校正源文件夹"中。

　　(2)选择【文件】→【自动】→【镜头校正】命令,打开【镜头校正】对话框,分别设置【源文件】、【目标文件夹】及【校正选项】项目,如图 9-40 所示。

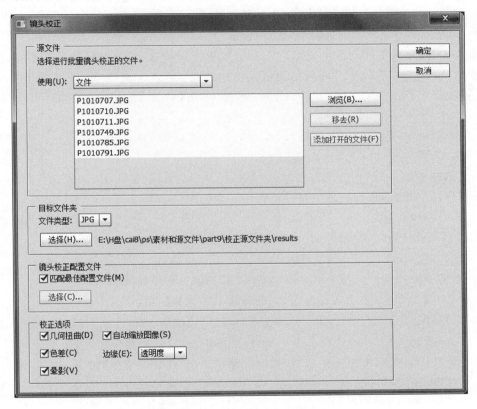

图 9-40　【镜头校正】对话框的设置

　　(3)完成设置后 Photoshop 将按照设置对源文件夹中的图像依次使用【镜头校正】命令,在目标文件夹中可以看到执行所选择命令后的效果图像。

9.5　本 章 小 结

　　本章介绍了 Photoshop 的自动操作功能,主要介绍 Photoshop 动作的功能及应用,同时简单介绍了常用的【自动】子菜单命令的使用。使用动作可以方便地完成 Photoshop 中需要不断重复完成的工作,灵活地使用动作能够有效地提高图像处理的效率。通过本章的学习,读者能了解动作的作用,掌握动作的创建方法和使用技巧,熟悉使用【动作】面板实现对动作的各种操作,掌握动作编辑和修改的技巧。

9.6 本章习题

一、填空题

1. Photoshop 的动作是将一系列的命令组合为一个_____,是一种对图像进行多步骤操作时的_____,使用动作无疑能够大大提高工作效率。Photoshop 的动作可以将一系列的命令组合为单个的动作,使任务的执行_____。动作能够方便地在【动作】面板中进行_____,【动作】面板一般有两种模式,分别是列表模式和_____。

2. 如果要录制一个动作,应采用下面的步骤:首先建立一个_____,然后创建_____,最后_____。

3.【动作】面板中的动作可以以文件的形式保存在磁盘上,具体的操作步骤是选择动作所在的_____,在【动作】面板的面板菜单中选择_____命令,此时可打开相应对话框,设置动作保存的文件名和文件保存的位置,单击【确定】按钮,即可将动作保存在磁盘上。

4. Photoshop 自带的动作包括默认动作、图像效果动作、_____、_____、纹理动作、命令动作等。

二、选择题

1. 打开【动作】面板的快捷键是什么?(　　　)

A. Ctrl＋F1　　　　B. Alt＋F1　　　　C. Ctrl＋F9　　　　D. Alt＋F9

2. 如果要创建一个新动作,应该单击下面哪个按钮?(　　　)

A. ⬤　　　　B. ▶　　　　C. 🗀　　　　D. 🔲

3. 当需要修改动作中某个命令的参数时,可采用下面哪种操作?(　　　)

A. 在【动作】面板中选择命令,在面板菜单中选择【再次记录】命令

B. 在【动作】面板中选择命令,单击【开始记录】按钮 ⬤ 开始重新录制操作

C. 在【动作】面板中选择命令,在面板菜单中选择【插入菜单项】命令

D. 在【动作】面板中选择命令,在面板菜单中选择【复位动作】命令

4. 在【批处理】对话框中,下面哪个下拉列表框用于指定操作应用的图像?(　　　)

A.【组】下拉列表框　　　　　　　　　B.【源】下拉列表框

C.【目标】下拉列表框　　　　　　　　D.【错误】下拉列表框

9.7 上机练习

练习 1 图片边框轻松作

使用动作制作图 9-41 所示的边框效果。

以下是主要制作步骤提示。

(1)播放【画框】动作组中的【笔刷形画框】动作。

(2)再次播放【画框】动作组中的【木质画框－50 像素】动作。

图 9-41　添加边框效果

练习 2　使用动作制作文字特效

使用【文字效果】动作组中的动作创建图 9-42 所示的文字效果。

图 9-42　创建文字效果

以下是主要制作步骤提示。

（1）效果图中的第 1 个文字特效使用【细轮廓线（文字）】动作制作完成。

（2）效果图中的第 2 个文字特效使用【拉丝金属（文字）】动作制作完成。

（3）效果图中的第 3 个文字特效使用【投影（文字）】动作制作完成。

（4）效果图中的第 4 个文字特效使用【木质镶板（文字）】动作制作完成。

练习 3　校正图片

使用 Photoshop 自带的【镜头校正】命令校正图片。

以下是主要制作步骤提示。

选择【文件】→【自动】→【镜头校正】命令，打开【镜头校正】对话框进行设置。

第10章

滤　　镜

　　滤镜,源于摄影技术中常用的滤光镜。摄影师在摄影时为了制造一些特殊的效果,常常在相机镜头前安装滤光镜,以获得各种富于变化的摄影作品。而 Photoshop 中的滤镜,无论是在功能还是在效果上都比传统的滤光镜要强大百倍。合理地使用滤镜能创建丰富多彩的效果。本章将对 Photoshop CS6 中滤镜的使用进行介绍。

　　Photoshop CS6 滤镜的使用主要包括以下内容。

- 滤镜基础。
- 使用滤镜。
- 滤镜应用实例。

10.1　滤镜基础

　　滤镜是 Photoshop 中功能强大、效果奇特的应用工具,随着 Photoshop 的不断升级,滤镜的功能也在不断增强。灵活地使用滤镜能创建各种特效,对现实进行模拟,创建各种特殊的艺术效果。

　　从原理上讲,Photoshop 的滤镜实际上是一种植入 Photoshop 的外挂功能模块,也就是所谓的插件。滤镜可以理解为一种开放式程序,是为众多图像处理软件进行图像特效创建而设计的一种程序接口。

　　Photoshop 的滤镜一般分为两类,一类是 Photoshop 自带的滤镜,这种滤镜在 Photoshop 安装时随 Photoshop 主程序一起安装,可以直接使用,这种滤镜常称为内置滤镜,Photoshop 自带了近百种各种类型的内置滤镜;另一类是第三方软件商开发的滤镜,这种滤镜以插件的形式添加到 Photoshop 中,常称为外挂滤镜,第三方外挂滤镜比较著名的有 Eye Candy 滤镜系列和 KPT 滤镜系列等。

　　在 Photoshop 中打开【滤镜】菜单,该菜单中列出了 Photoshop 能够使用的各类滤镜,使用它们能够创建不同类型的图像效果。在【滤镜】菜单中含有▸的选项表示还有下级菜单命令,其中包含该类滤镜组的具体滤镜。

　　在 Photoshop 中,如果用户还没有使用滤镜,则【滤镜】菜单的第一项显示为【上一次滤镜操作】,此时命令为灰色,不可用。如果使用了滤镜,则会显示该滤镜的名称。选择该命令可以将相同的设置再次应用该滤镜效果。

　　在应用了滤镜后,选择【编辑】→【渐隐××】命令(其中的××为刚才应用的滤镜名称)可打开【渐隐】对话框,如图 10-1 所示。在【渐隐】对话框中通过调整【不透明度】的值和【模式】来改变滤镜应用的效果。

图 10-1　【渐隐】对话框

专家点拨：在使用滤镜时，应首先确定效果应用的区域，即在图像中创建合适的选区，如果没有创建选区，滤镜效果将应用于整个图像。

10.2　使用滤镜

在【滤镜】菜单中，Photoshop 提供了多种用于图像操作的滤镜，使用这些滤镜能够实现图像扭曲、图案生成等应用操作。下面以实例的形式介绍这些滤镜的使用。

10.2.1　【液化】滤镜的使用——火焰效果的制作

Photoshop【滤镜】菜单中的【液化】滤镜能够通过推、拉、旋转、反射、折叠和膨胀图像中的任何区域来实现图像的变形。其产生的效果是把图像溶解后使之形状发生一定的变化，从而产生特殊溶解和扭曲的效果，将这些效果结合起来使用能够产生奇妙的图形效果。下面结合一个具体的实例来介绍该滤镜的使用。

（1）启动 Photoshop CS6，将背景色设置为黑色。按 Ctrl＋N 键，在打开的【新建】对话框中对新文件进行设置，如图 10-2 所示。单击【确定】按钮创建一个新文件，并将文件保存为"火焰效果.psd"。

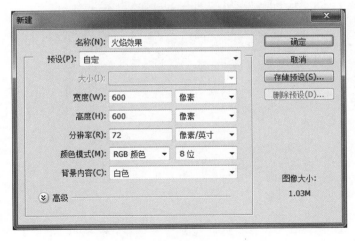

图 10-2　【新建】对话框

（2）使用 Ctrl＋Delete 键填充黑色，再用【矩形选框工具】在图像中绘制一个矩形选框，如图 10-3 所示。

（3）选择【渐变工具】，打开【渐变编辑器】对话框，首先选择第一行的"橙黄橙"色渐变，然后编辑渐变效果;删除右侧"橙"色并将中间"黄"色调整到最右侧,如图 10-4 所示。

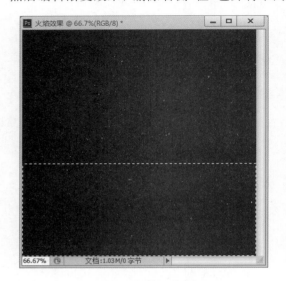

图 10-3　绘制矩形选框

图 10-4　编辑渐变

(4) 单击【确定】按钮,关闭【渐变编辑器】对话框。在【图层】面板中创建一个新图层,在新图层中使用【渐变工具】从下向上在选区中创建渐变效果,如图 10-5 所示。

图 10-5　在选区中创建渐变

(5) 按 Ctrl+D 键取消选区,选择【滤镜】→【液化】命令,打开【液化】对话框。选择左侧工具箱中的【向前变形工具】 ,在渐变区域中从下向上拖移鼠标,获得火焰效果,如图 10-6 所示。在拖移过程中可根据需要按 [键或] 键缩小或放大笔头,以不同的笔头来绘制大小不同的火焰。

(6) 完成变形操作后,单击【确定】按钮关闭【液化】对话框,得到的图像效果如图 10-7 所示。

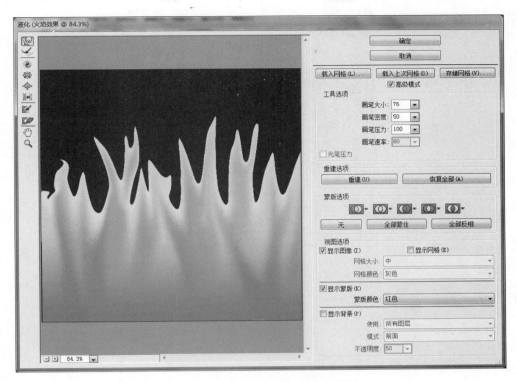

图 10-6　使用变形工具创建火焰效果

（7）选择【滤镜】→【模糊】→【高斯模糊】命令，打开【高斯模糊】对话框，设置【半径】为 3，如图 10-8 所示。

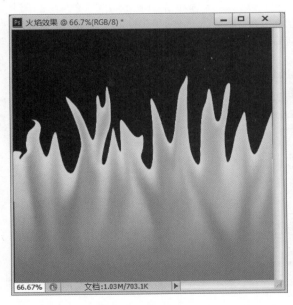

图 10-7　应用【液化】滤镜后的图像效果

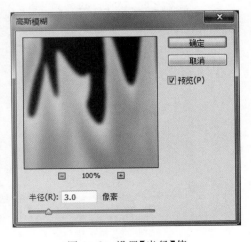

图 10-8　设置【半径】值

（8）单击【确定】按钮关闭【高斯模糊】对话框，获得需要的火焰效果，如图 10-9 所示。

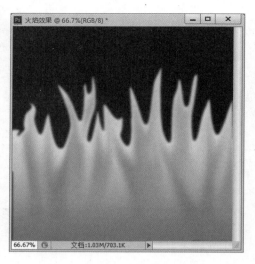

图 10-9　火焰效果

10.2.2　【消失点】滤镜的使用——家装效果图

【消失点】滤镜是在 Photoshop CS2 及更高版本中出现的一个新滤镜，使用该滤镜能够使操作者在图像中指定透视平面，然后在透视平面中应用绘图、仿制、复制或变化等操作，它们都是以立体的方式在透视平面上操作，Photoshop 能够自动确定操作方向，将操作缩放到透视平面中。下面以一个具体的实例来介绍【消失点】滤镜的使用。

（1）启动 Photoshop CS6，打开素材文件夹 part10 中的"家装效果图.bmp"文件。

（2）打开素材文件夹 part10 中的"自然风光.bmp"文件。

（3）下面为家装效果图中的电视添加画面。选择"自然风光.bmp"文件，然后选择【图像】→【图像大小】命令，打开【图像大小】对话框，将图像缩小，如图 10-10 所示。单击【确定】按钮关闭【图像大小】对话框，此时图像被缩小。按 Ctrl＋A 键全选缩小的图像，如图 10-11 所示。

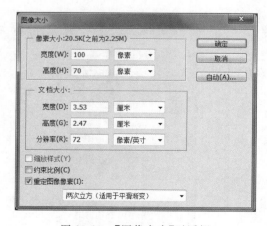

图 10-10　【图像大小】对话框

图 10-11　缩小图像并选择全图

专家点拨：这里缩小素材图像是为了和效果图中彩电的大小相匹配。缩放尺寸时可使用工具箱中的【标尺工具】测量电视的长和宽作为参考。

（4）按 Ctrl＋C 键复制选区内容。选择"家装效果图"文件窗口，在【图层】面板中新创建一个图层。选择【滤镜】→【消失点】命令，打开【消失点】对话框。在该对话框中选择左侧的【创建平面工具】，在图像中彩电的左上角单击创建第 1 个角节点，拖移鼠标到彩电的右上角单击创建第 2 个角节点。依次在彩电的右下角和左下角创建第 3 个和第 4 个角节点获得一个透视平面，如图 10-12 所示。

图 10-12　创建透视平面

　　专家点拨：在创建透视平面后，拖动透视平面可改变透视平面的位置。拖动透视平面定界框上的控制点可改变透视平面的大小。当透视平面的定界框显示为蓝色时，透视平面创建正常，如果角点创建有错误，则定界框将显示为红色或黄色。

　　（5）按 Ctrl＋V 键将复制的选区内容粘贴到图像中，使用鼠标拖动粘贴图像，将其放置在透视平面中，图像会根据透视平面自动进行调整，如图 10-13 所示。

图 10-13　放置图像到透视平面中

🐾**专家点拨**：在【消失点】对话框左侧的工具箱中，【编辑平面工具】 🔺 用于对创建的透视平面进行编辑修改，【变换工具】 🔲 用于对浮动选区的编辑修改。该工具箱中的其他工具的使用，如【矩形选框工具】 ▢ 、【图章工具】 🖋 和【画笔工具】 ✏ 等，与 Photoshop 工具箱中的工具的使用方式是完全一样的。

　　(6) 单击【确定】按钮应用滤镜效果，素材图片被添加到电视屏幕上，如图 10-14 所示。

图 10-14　素材图片被添加到电视屏幕上

　　(7) 保存文件，完成本实例的制作，图像处理后的最终效果如图 10-15 所示。

图 10-15　图像的最终效果

10.3　滤镜应用实例

　　滤镜的使用千变万化，灵活地使用滤镜能够创建丰富多彩的图像效果。本节通过 3 个具体的实例让读者领略滤镜的神奇魅力。

10.3.1　滤镜应用实例 1——旅游宣传页

1. 实例简介

本实例介绍一个旅游宣传页的制作。在制作过程中,使用【凸出】滤镜、【查找边缘】滤镜和【底纹效果】滤镜来创建文字特效,使用 Photoshop 的滤镜库功能时应用【胶片颗粒】和【海报边缘】滤镜来创建背景效果。

通过本实例的制作,读者将掌握【凸出】滤镜、【查找边缘】滤镜和【底纹效果】滤镜等滤镜的使用和参数的设置,并了解使用滤镜库同时应用多个滤镜的方法。

2. 实例制作步骤

(1)启动 Photoshop CS6,打开素材文件夹 part10 中的"海滩.jpg"文件,将文件保存为"旅游宣传页.psd"文件,如图 10-16 所示。

图 10-16　需处理的素材文件

(2)在工具箱中选择【横排文字工具】,设置颜色为白色,分别输入文字"ENJOY"、"THE"和"SUNSHINE"。打开【字符】面板设置文字的字体和大小,如图 10-17 所示。

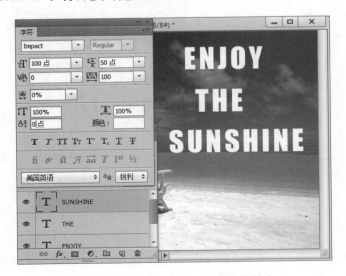

图 10-17　创建文字并设置文字的样式

（3）分别选择文字"ENJOY"和"SUNSHINE"所在的图层，按 Ctrl＋T 键对文字进行旋转变换，并调整文字间的位置，如图 10-18 所示。

图 10-18　对文字进行旋转变换

（4）在【图层】面板中同时选择文字所在的图层，右击这些图层，选择【栅格化文字】命令将文字图层转换为普通图层。同时，按 Ctrl＋E 键将这 3 个图层合并为 1 个图层，如图 10-19 所示。

图 10-19　合并文字所在的图层

（5）选择【滤镜】→【风格化】→【凸出】命令，打开【凸出】对话框，在该对话框中设置【大小】和【深度】值，同时勾选【立方体正面】复选框，如图 10-20 所示。单击【确定】按钮应用滤镜效果，此时的文字效果如图 10-21 所示。

图 10-20　【凸出】对话框中的设置

图 10-21　应用【凸出】滤镜后的效果

（6）选择【滤镜】→【风格化】→【查找边缘】命令，为文字应用【查找边缘】滤镜，此时文字的效果如图 10-22 所示。

图 10-22　应用【查找边缘】滤镜后的效果

（7）选择【滤镜】→【滤镜库】命令，打开【滤镜库】对话框，展开【艺术效果】文件夹，从中选择【底纹效果】滤镜，打开【底纹效果】对话框。在该对话框中对滤镜参数进行设置，如图 10-23 所示。单击【确定】按钮应用滤镜，此时文字效果如图 10-24 所示。

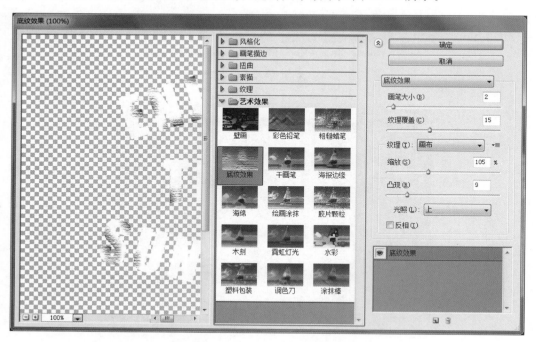

图 10-23 【底纹效果】滤镜的参数设置

图 10-24 应用【底纹效果】滤镜后的文字效果

（8）复制【背景】图层，选择获得的【背景 副本】图层。选择【滤镜】→【滤镜库】命令，打开【滤镜库】对话框。在该对话框中选择【艺术效果】文件夹中的【胶片颗粒】滤镜，在右侧的参数设置区中设置滤镜的参数,如图 10-25 所示。单击【新建效果图层】按钮,创建一个新的效果图层。选择【艺术效果】文件夹中的【海报边缘】滤镜,对滤镜的参数进行设置,如图 10-26 所示。单击【确定】按钮应用这两个滤镜,图像的效果如图 10-27 所示。

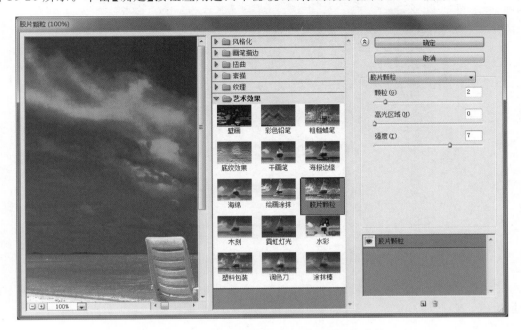

图 10-25　选择【胶片颗粒】滤镜并设置滤镜参数

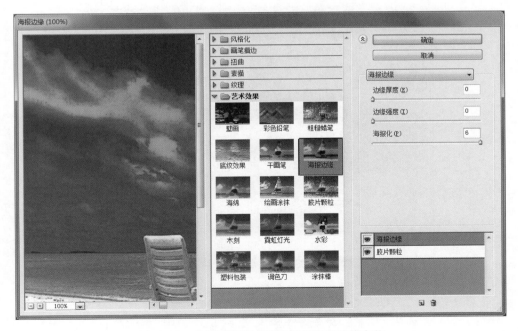

图 10-26　选择【海报边缘】滤镜并设置滤镜参数

图 10-27　应用滤镜效果后的图像效果

　　(9) 打开【动作】面板,载入【画框】动作组,选择其中的【波形画框】,播放该动作为图像添加边框。动作播放完成后,在【图层】面板中使文字所在的图层可见,此时的图像效果如图 10-28 所示。

图 10-28　使用动作为图像添加边框效果

　　(10) 选择【横排文字工具】,在图像中输入文字"魅力海滩,魅力生活"。打开【字符】面板设置文字样式,如图 10-29 所示。

图 10-29　输入文字并设置字符样式

　　（11）使用【移动工具】将文字"魅力海滩 魅力生活"左移。使用【横排文字工具】在图像右下方输入宣传文字，设置文字的样式，并将 3 个文字图层顶端对齐放置，如图 10-30所示。

图 10-30　输入其他说明文字

　　（12）合并所有图层，将文件保存为需要的格式，完成本实例的制作。本实例的最终效果如图 10-31 所示。

图 10-31　最终效果

10.3.2　滤镜应用实例 2——电影海报

1. 实例简介

本实例介绍一个电影海报的制作。在制作过程中,使用【高斯模糊】滤镜、【图章】滤镜和【纹理化】滤镜来创建海报的文字和背景效果,将【动感模糊】滤镜和图层混合模式相结合以获得海报文字和背景的浸润效果。

通过本实例的制作,读者将掌握【高斯模糊】滤镜、【图章】滤镜、【纹理化】滤镜和【动感模糊】滤镜的使用方法,了解使用滤镜创建图像特效的基本思路和技巧。

2. 实例制作步骤

(1) 启动 Photoshop CS6,按 Ctrl+N 键打开【新建】对话框。在该对话框中对新文件进行设置,如图 10-32 所示。单击【确定】按钮创建新文件,将文件保存为"电影海报.psd"文件。

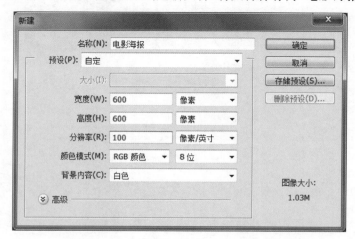

图 10-32　【新建】对话框中的参数设置

（2）在工具箱中选择【横排文字工具】，在图像中输入电影名"惊魂 1 小时"，在【字符】面板中设置文字样式，如图 10-33 所示。

图 10-33　创建文字并设置字符样式

（3）将文字图层栅格化，然后选择【滤镜】→【模糊】→【高斯模糊】命令，打开【高斯模糊】对话框，对滤镜参数进行设置，如图 10-34 所示。单击【确定】按钮关闭对话框，应用滤镜后的文字效果如图 10-35 所示。

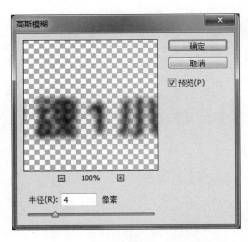

图 10-34　【高斯模糊】滤镜的参数设置

图 10-35　应用滤镜后的文字效果

（4）合并文字所在的图层和背景图层。选择【滤镜】→【滤镜库】命令，打开【滤镜库】对话框，展开【素描】文件夹，从中选择【图章】滤镜，打开【图章】对话框，在该对话框中对滤镜参数进行设置，如图 10-36 所示。单击【确定】按钮应用滤镜，此时文字的效果如图 10-37 所示。

图 10-36 【图章】滤镜的参数设置

图 10-37 应用【图章】滤镜后的文字效果

（5）选择【图像】→【调整】→【色调分离】命令，打开【色调分离】对话框，调整【色阶】值，如图 10-38 所示。

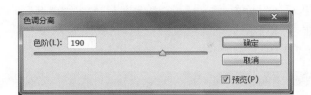

图 10-38 【色调分离】对话框

（6）单击【确定】按钮关闭【色调分离】对话框，按 Ctrl＋U 键打开【色相/饱和度】对话框。在该对话框中勾选【着色】复选框，调整【色相】、【饱和度】和【明度】值，如图 10-39 所示。单击【确定】按钮关闭对话框，此时文字的效果如图 10-40 所示。

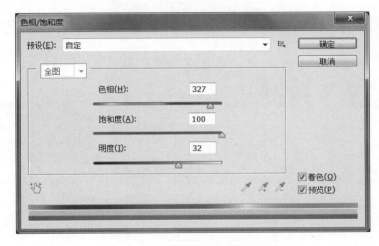

图 10-39 【色相/饱和度】对话框

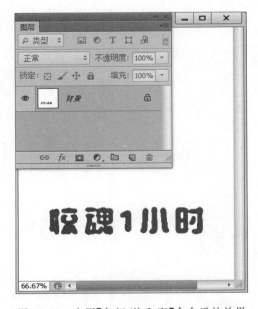

图 10-40 应用【色相/饱和度】命令后的效果

（7）选择【滤镜】→【滤镜库】命令，打开【滤镜库】对话框，展开【纹理】文件夹，从中选择【纹理化】滤镜，打开【纹理化】对话框。在【纹理化】对话框中对滤镜参数进行设置，如图 10-41 所示。单击【确定】按钮应用滤镜效果，此时图像效果如图 10-42 所示。

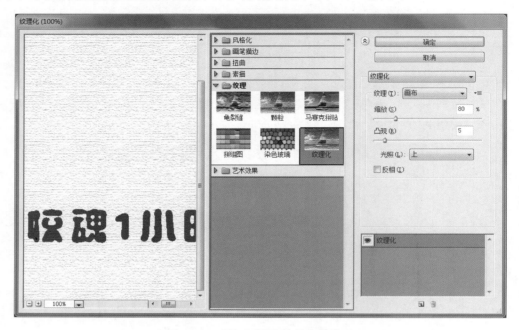

图 10-41　【纹理化】滤镜的参数设置

（8）复制【背景】图层，然后选择【背景】图层，选择【滤镜】→【模糊】→【动感模糊】命令，在打开的【动感模糊】对话框中设置【角度】和【距离】的值，如图 10-43 所示，单击【确定】按钮应用滤镜。选择【背景 副本】图层，将图层混合模式设置为【正片叠底】，此时图像的效果如图 10-44 所示。

图 10-42　应用【纹理化】滤镜后的图像效果

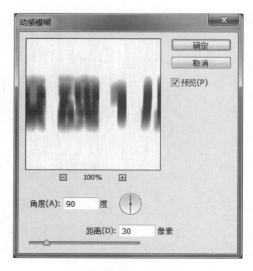

图 10-43　【动感模糊】滤镜的参数设置

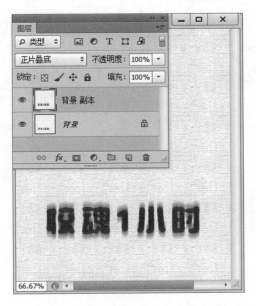

图 10-44 应用滤镜并调整图层混合模式后的效果

（9）在【图层】面板中双击【背景 副本】图层，打开【图层样式】对话框。勾选【图案叠加】复选框，对【图案叠加】样式进行设置，如图 10-45 所示。单击【确定】按钮关闭【图层样式】对话框，此时图像的效果如图 10-46 所示。

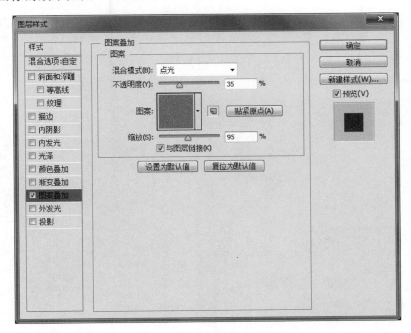

图 10-45 设置图层样式

（10）打开素材文件夹 part10 中的"时钟.jpg"文件，将素材图片拖放到当前编辑的图像文件中，如图 10-47 所示。

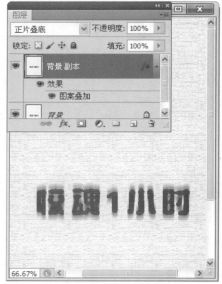

图 10-46　添加图层样式后的图像效果　　　　图 10-47　放置图片素材

　　(11) 在【图层】面板中单击【添加图层蒙版】按钮,为图层添加一个图层蒙版。在蒙版中绘制一个包含素材图片边界的矩形选区,使用【渐变工具】在选区中以从黑色到白色的线性渐变填充选区,模糊图片的分界,如图 10-48 所示。

　　(12) 按 Ctrl+D 键取消选区。复制【图层 1】为【图层 1 副本】,并再次选择【图层 1】图层。选择【滤镜】→【模糊】→【动感模糊】命令,在打开的【动感模糊】对话框中设置滤镜参数,如图 10-49 所示。单击【确定】按钮应用滤镜,并将【图层 1】和【图层 1 副本】图层的混合模式均设置为【正片叠底】。此时图像的效果如图 10-50 所示。

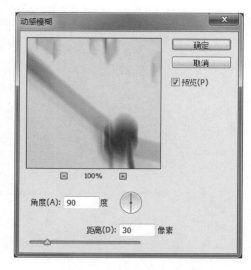

图 10-48　在蒙版中以线性渐变填充选区　　　　图 10-49　【动感模糊】滤镜的参数设置

（13）在【图层】面板中再次选择最上层的【图层 1 副本】图层，选择【滤镜】→【模糊】→【动感模糊】命令，在打开的对话框中设置滤镜参数，如图 10-51 所示。单击【确定】按钮应用滤镜，此时图像的效果如图 10-52 所示。

图 10-50　使用滤镜并修改图层混合模式后的效果

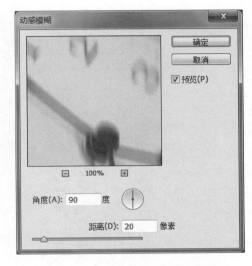

图 10-51　【动感模糊】滤镜的参数设置

（14）使用【横排文字工具】在图像中输入文字"TIME IS RUNNING OUT"。复制文字所在的图层，将原来文字所在的图层栅格化后对该图层应用【动感模糊】滤镜，其参数与步骤（13）中的参数一致。将上面图层的图层混合模式设置为【柔光】，此时的图像效果如图 10-53 所示。

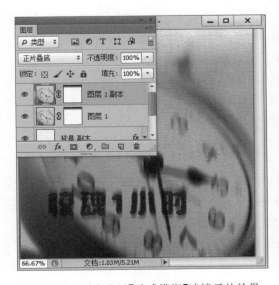

图 10-52　再次应用【动感模糊】滤镜后的效果

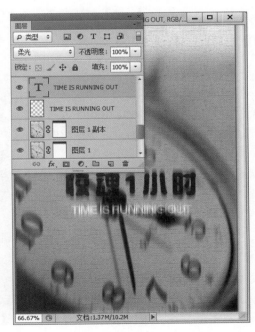

图 10-53　创建文字效果

（15）使用【横排文字工具】创建海报中需要的其他文字信息，分别设置字符样式，并调整它们的位置，如图 10-54 所示。

（16）合并图层，将文件保存为需要的格式，完成本实例的制作。本实例的最终效果如图 10-55 所示。

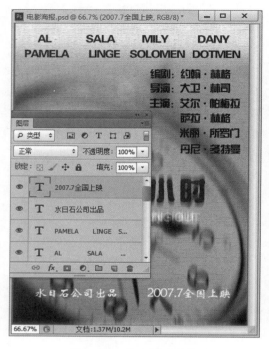

图 10-54　输入说明文字

图 10-55　最终效果

10.3.3　滤镜应用实例3——芯片宣传广告

1. 实例简介

本实例介绍一幅芯片宣传广告的制作。本实例的制作重点是图像背景的制作，图像背景是模拟的电路板效果，在制作过程使用【马赛克】滤镜和【查找边缘】滤镜来创建网格，将【高斯模糊】滤镜与图层混合模式结合制作亮而朦胧的电路效果。

通过本实例的制作，读者将进一步熟悉【马赛克】滤镜、【查找边缘】滤镜和【高斯模糊】滤镜的使用技巧，掌握 Photoshop 中创建网格的一般方法以及多个滤镜重复使用的方法和技巧。

2. 实例制作步骤

（1）启动 Photoshop CS6，按 Ctrl＋N 键打开【新建】对话框。在该对话框中设置新建文档的各项参数，如图 10-56 所示。单击【确定】按钮关闭对话框，将文档另存为"芯片宣传广告.psd"文件。

（2）按 D 键将前景色和背景色设置为默认的黑色和白色。选择【渐变工具】，在工具选项栏中将渐变设置为"从前景到背景"，选择【径向渐变】，同时在工具选项栏中勾选【反相】复选框。在图像进行渐变填充，图像效果如图 10-57 所示。

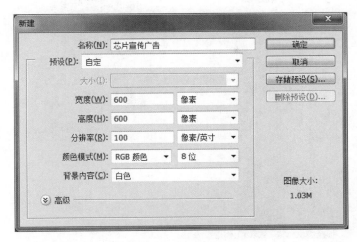

图 10-56　【新建】对话框

　　（3）复制【背景】图层，选择复制的【背景 副本】图层。选择【滤镜】→【像素化】→【马赛克】命令，在打开的【马赛克】对话框中对滤镜参数进行设置，如图 10-58 所示。单击【确定】按钮应用滤镜效果，此时图像效果如图 10-59 所示。

图 10-57　使用【渐变工具】进行渐变填充

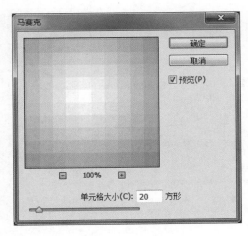

图 10-58　【马赛克】对话框

　　（4）选择【滤镜】→【风格化】→【查找边缘】命令，应用滤镜后的图像效果如图 10-60 所示。

　　（5）按 Ctrl＋I 键对图像执行反相操作。按 Ctrl＋L 键打开【色阶】对话框，调整【色阶】对话框中灰色滑块和白色滑块的位置，如图 10-61 所示。单击【确定】按钮关闭【色阶】对话框，此时反相后的图像被加亮，如图 10-62 所示。

　　（6）选择【滤镜】→【模糊】→【高斯模糊】命令，在打开的【高斯模糊】对话框中对滤镜参数进行设置，如图 10-63 所示。单击【确定】按钮应用滤镜，在【图层】面板中将图层混合模式设置为【点光】，此时图像效果如图 10-64 所示。

图 10-59 应用【马赛克】滤镜后的图像效果

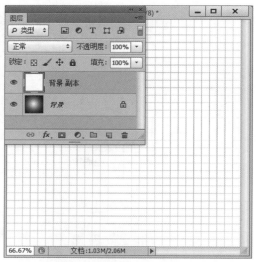

图 10-60 应用【查找边缘】滤镜后的图像效果

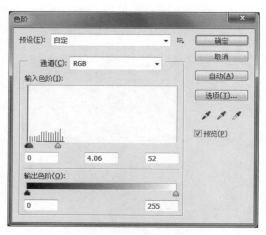

图 10-61 调整灰色滑块和白色滑块的位置

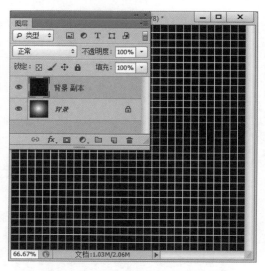

图 10-62 加亮图像

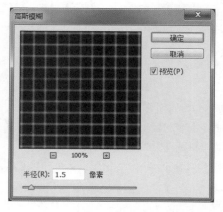

图 10-63 【高斯模糊】滤镜的参数设置

（7）新建一个图层，以蓝色填充图层，将图层混合模式设置为【颜色】，此时图像的效果如图 10-65 所示。

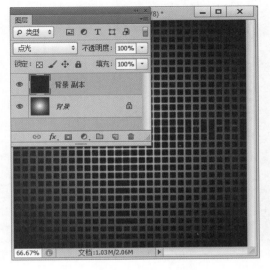
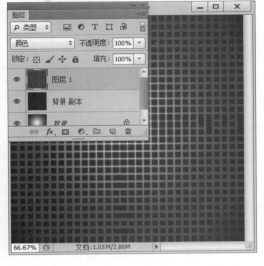

图 10-64 应用滤镜并设置图层混合模式　　　　　图 10-65 填充图层并设置图层混合模式

（8）再次新建一个图层，按 D 键将前景色和背景色设置为默认颜色。选择【滤镜】→【渲染】→【云彩】命令应用【云彩】滤镜，此时获得的图像效果如图 10-66 所示。

（9）选择【滤镜】→【像素化】→【马赛克】命令，在打开的【马赛克】对话框中对滤镜参数进行设置，如图 10-67 所示。单击【确定】按钮应用滤镜，此时图像效果如图 10-68 所示。

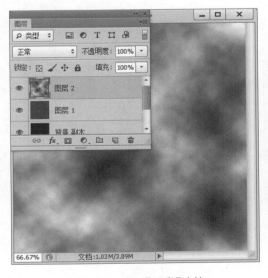
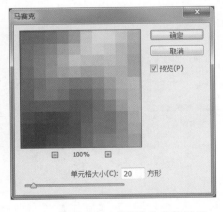

图 10-66 应用【云彩】滤镜　　　　　　　图 10-67 【马赛克】滤镜的参数设置

（10）选择【滤镜】→【风格化】→【查找边缘】命令，对图层再次应用【查找边缘】滤镜，此时的图像效果如图 10-69 所示。

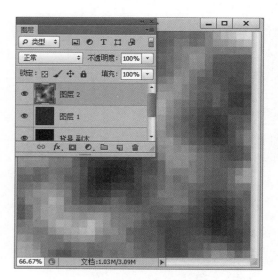

图 10-68 应用【马赛克】滤镜后的图像效果

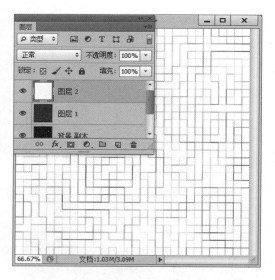

图 10-69 应用【查找边缘】滤镜后的图像效果

(11) 按 Ctrl＋I 键将图像反相,按 Ctrl＋L 键打开【色阶】对话框,调整【输入色阶】的值,如图 10-70 所示。单击【确定】按钮关闭对话框,然后在【图层】面板中将图层混合模式改为【滤色】,此时图像的效果如图 10-71 所示。

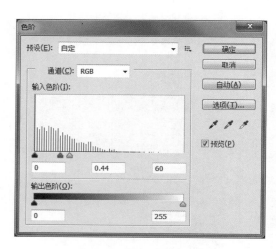

图 10-70 【色阶】对话框的参数设置

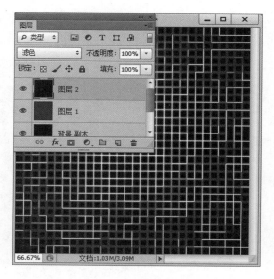

图 10-71 更改图层混合模式

(12) 选择【滤镜】→【模糊】→【高斯模糊】命令,在打开的【高斯模糊】对话框中对滤镜参数进行设置,如图 10-72 所示。单击【确定】按钮应用滤镜,此时图像的效果如图 10-73 所示。

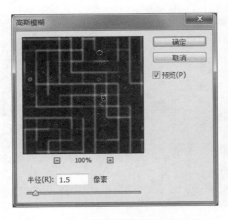

图 10-72　【高斯模糊】滤镜的参数设置

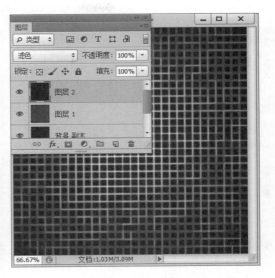

图 10-73　应用【高斯模糊】滤镜后的效果

（13）将【图层 2】进行复制，使用【移动工具】轻移图层，尽量填补原图中间部分断裂的线条。在【图层】面板中将该图层的混合模式设置为【线性减淡】，此时图像的效果如图 10-74 所示。

（14）选择【滤镜】→【模糊】→【高斯模糊】命令，在打开的对话框中对滤镜参数进行设置，如图 10-75 所示。单击【确定】按钮应用滤镜，图像的效果如图 10-76 所示。

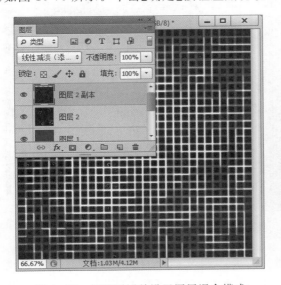

图 10-74　轻移图层并设置图层混合模式

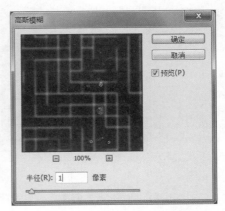

图 10-75　【高斯模糊】滤镜的参数设置

（15）打开素材文件夹 part10 中的"芯片.jpg"文件，使用【移动工具】将图片拖放到当前图像中，如图 10-77 所示。

（16）在工具箱中选择【快速选择工具】，在【图层 3】的各个背景区域单击，获得包含背景的选区，如图 10-78 所示。按 Delete 键删除背景，按 Ctrl＋D 键取消选区，此时图像效果如图 10-79 所示。

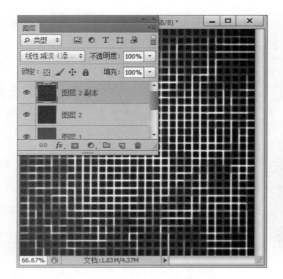

图 10-76 应用【高斯模糊】滤镜后的效果

图 10-77 将素材图片拖放到图像中

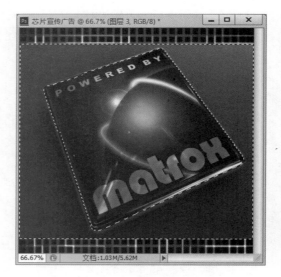

图 10-78 获得背景选区

图 10-79 删除背景

(17) 使用【横排文字工具】输入宣传语"科技的代表 能力的象征",使用【字符】面板设置文字样式,如图 10-80 所示。双击文字所在的图层打开【图层样式】对话框,勾选【外发光】复选框,同时对【外发光】效果进行设置,颜色选择浅蓝色,如图 10-81 所示。添加图层样式后的文字效果如图 10-82 所示。

(18) 对图像效果进行适当调整,效果满意后选择【图层】→【拼合图像】命令合并所有可见图层,将文件保存为需要的格式,完成本实例的制作。本实例的最终效果如图 10-83 所示。

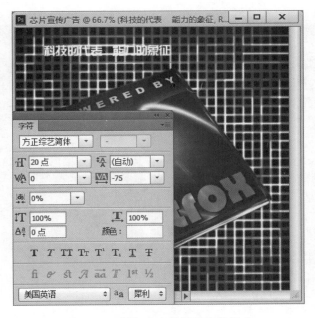

图 10-80　添加文字并设置文字样式

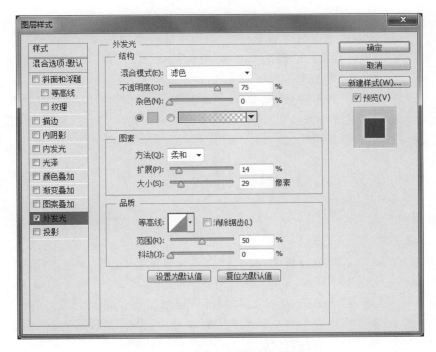

图 10-81　【外发光】样式的设置

　　专家点拨：Photoshop 自带了丰富的滤镜，读者可以按照 Photoshop 对滤镜的分类学习各个滤镜组中的典型滤镜，学习时可以参考 Photoshop 的帮助系统，通过练习掌握这些滤镜的用法。

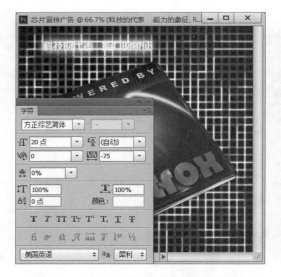

图 10-82　添加图层样式后的文字效果

图 10-83　最终效果

10.4　本 章 小 结

　　滤镜是 Photoshop 的一个重要功能,各种图像特效的创建都离不开滤镜。本章首先介绍滤镜的基本知识,然后介绍【滤镜】菜单下的【液化】和【消失点】滤镜的使用,最后通过 3 个实例介绍滤镜在平面设计作品中的应用。

　　Photoshop 的滤镜种类多,各具特点,读者要想掌握滤镜的使用,需要在不断的创作实践中归纳总结,相信通过不懈的努力,读者能够掌握滤镜的精髓,并灵活使用滤镜创作出炫目的图像效果,完成各种"不可能完成的"设计任务。

10.5　本 章 习 题

一、填空题

　　1. 从原理上讲,Photoshop 的滤镜实际上是一种植入 Photoshop 的_____功能模块,也就是所谓的插件。滤镜可以理解为一种_____,是为众多图像处理软件进行图像特效创建而设计的一种程序接口。

　　2. Photoshop【滤镜】菜单中的【液化】滤镜能够通过推、拉、旋转、反射、折叠和膨胀图像中的_____区域来实现图像的变形。其产生的效果是把图像溶解后使之形状发生一定的变化,从而产生特殊溶解和扭曲的效果。

　　3. Photoshop 的滤镜一般分为两类,一类是 Photoshop 自带的滤镜,这种滤镜在 Photoshop 安装时随 Photoshop 主程序一起安装,可以直接使用,这种滤镜常被称为_____;另一类是第三方软件商开发的滤镜,这种滤镜以插件的形式添加到 Photoshop 中,常被称为_____。

　　4.【消失点】滤镜能够使操作者在图像中指定_____,然后 Photoshop 可以自动确定操作方向，将操作内容缩放到指定区域中。

二、选择题

1. 在使用【液化】滤镜时，下面哪个工具能够实现对图像的旋转扭曲操作？（　　　）

　　A. 　　　　　B. ✍　　　　　C. 🌀　　　　　D. ⬡

2. 下面哪个滤镜组中包含有创建数字水印的滤镜？（　　　）

　　A.【风格化】滤镜组　　　　　　　　　B.【视频】滤镜组

　　C.【其他】滤镜组　　　　　　　　　　D. Digmarc 滤镜组

3. 在【消失点】对话框中，下面哪个工具用于创建透视平面？（　　　）

　　A. 🖐　　　　　　B. ▦　　　　　　C. ▢　　　　　　D. ▦

4. 如果要表现汽车飞驰的效果，可以使用什么滤镜？　　　　　　（　　　）

　　A.【风】滤镜　　　　B.【扭曲】滤镜　　　C.【模糊】滤镜　　　D.【液化】滤镜

10.6　上 机 练 习

练习 1　纹理制作——黑曜石

使用滤镜制作黑曜石纹理效果，如图 10-84 所示。

图 10-84　纹理效果

以下是主要制作步骤提示。

（1）创建新文件，首先使用【云彩】滤镜，然后使用【基底凸现】滤镜创建纹理。

（2）使用【色相/饱和度】命令调整纹理的色彩，对图层应用【USM 锐化】滤镜获得需要的效果。

练习 2　画布上的风景

使用 Photoshop 滤镜创建图 10-85 所示的油画效果。

以下是主要制作步骤提示。

（1）使用【色相/饱和度】命令适当增加素材图片的饱和度。

（2）使用【干画笔】滤镜实现图画效果，使用【光照效果】滤镜为图像添加光照效果。

图 10-85　油画效果

（3）使用【纹理化】滤镜获得需要的纹理效果。

练习 3　宇宙星光

使用滤镜创建图 10-86 所示的星空效果。

图 10-86　星空效果

以下是主要制作步骤提示。

（1）创建新文件，设置前景色和背景色为黑色和蓝色，并使用【云彩】滤镜。

（2）新建一个图层为图层填充黑色。使用【添加杂色】滤镜和【模糊】滤镜，然后使用【色阶】命令适当调整色调，并将图层混合模式设置为【滤色】，此时可以获得繁星点点的效果。

（3）创建一个新图层，使用【镜头光晕】滤镜，并将图层混合模式设置为【滤色】，此时可以获得第 1 颗亮星。采用相同的方法制作第 2 颗亮星，并调整它们的大小和位置。

（4）再新建一个图层，以黑色填充图层，使用【镜头光晕】滤镜，此次选用【105mm 聚焦】方式。移动光晕的位置，将图层混合模式设置为【滤色】，完成本实例的制作。

综合实训案例1
——多媒体界面的设计

随着计算机的普及,各种多媒体教学软件逐渐普及,本章将介绍一个多媒体软件界面的制作,主要包括以下内容。

- 案例简介。
- 案例制作步骤。
- 背景知识简介。

11.1 案例简介

本案例介绍用 Photoshop 进行多媒体软件界面的设计和制作的方法。通过本案例的制作,读者将对多媒体软件界面的各个构成要素的制作过程有一个深入的了解。

11.1.1 案例设计思路

本案例制作的是一个多媒体软件的主界面。在设计时要求满足相应功能的需要,界面结构设计合理且尽可能简洁,在视觉上要求富于设计感。本案例在设计时以蓝色作为整个界面的主色调,容易让使用者产生心灵的感应。标题适当使用特效,以便使用户对软件的主体有清晰明确的认识,突出重点。按钮设计实用简单,但又不失美观,并且与背景搭配合理。按钮在布局上做到内部结构布局合理,简单明了,便于用户操作,方便用户灵活地运用。界面整体风格与软件本身的结合度强,使之符合现代的时尚感和大局观。

11.1.2 案例制作说明

本案例在制作中没有使用复杂的操作。本案例的制作分为背景的制作、标题的制作、按钮的制作和最终效果图的制作这几步。

1. 背景的制作

在制作过程中使用背景素材图片来构建界面背景,这样能减小制作工作量,提高制作效率。在制作过程中使用了图层蒙版和【切变】滤镜创建图像背景效果,同时使用矢量工具绘制主体部分的装饰线,并通过添加【图层样式】获得透明的水晶效果,使背景更富有现代感。

2. 标题的制作

在创建标题后,分别对标题的不同文字部分创建不同的效果,对标题中的英文字符采用了【马赛克】滤镜和【描边】特效创建边缘像素文字效果,同时对标题中的汉字字符应用【图层样式】创建水晶字体效果。

3. 按钮的制作

多媒体软件中的按钮分为常态、鼠标滑过和鼠标按下 3 种状态,为了便于按钮在具体软件中使用,按钮采用单独的文件形式制作。按钮的制作使用【图层样式】创建特效。

4. 效果图的制作

效果图的制作是在制作时放置功能按钮和说明文字的过程,使用【移动工具】移动对象进行界面的布局,使用【自由变换】命令调整对象的大小,使之符合界面的要求。

11.2 案例制作步骤

下面详细介绍本案例的制作步骤。

11.2.1 制作背景

背景的制作分为两步完成,首先为作品添加素材并应用滤镜对素材进行处理,然后使用路径工具创建背景装饰并为其添加图层样式效果。

1. 添加并处理素材图片

(1)启动 Photoshop CS6,按 Ctrl+N 键打开【新建】对话框,在对话框中设置各项参数,如图 11-1 所示。单击【确定】按钮创建新文档,将新文档保存为"多媒体界面.psd"文件。

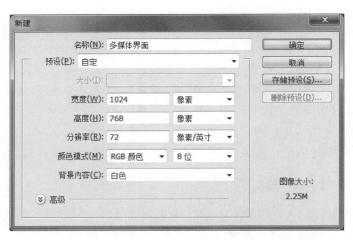

图 11-1 【新建】对话框的参数设置

(2)打开素材文件夹 part11 中的"水滴.jpg"和"底纹.jpg"文件。使用【移动工具】将"水滴.jpg"素材图片拖放到刚才创建的新文档中,如图 11-2 所示。

(3)在【图层】面板中单击【添加图层蒙版】按钮为图层添加一个图层蒙版。在工具箱中选择【渐变工具】,在工具选项栏中将渐变设置为【从前景色到背景色】,选择【径向渐变】。在图层蒙版中创建从中心向外侧的径向渐变效果,如图 11-3 所示。

(4)将"底纹.jpg"素材图片拖放到图像中,如图 11-4 所示。选择【滤镜】→【模糊】→【高斯模糊】命令,在打开的【高斯模糊】对话框中对滤镜参数进行设置,如图 11-5 所示。单击【确定】按钮应用滤镜,图像的效果如图 11-6 所示。

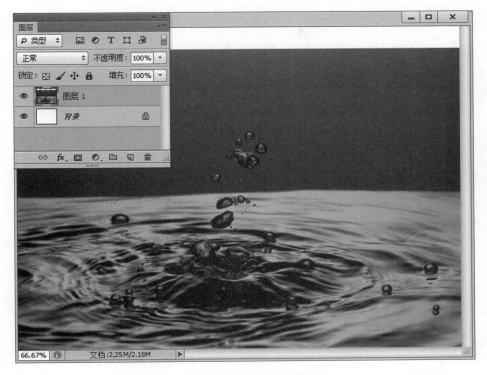

图 11-2　放置素材图片

图 11-3　在图层蒙版中创建径向渐变

图 11-4 放置第 2 张素材图片

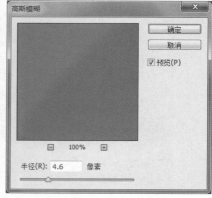

图 11-5 【高斯模糊】滤镜的参数设置

(5)选择【滤镜】→【扭曲】→【切变】命令,在【切变】对话框中对滤镜的参数进行设置,如图 11-7 所示。单击【确定】按钮应用滤镜,此时图像的效果如图 11-8 所示。

图 11-6 应用【高斯模糊】滤镜后的图像效果

图 11-7 【切变】对话框

(6)在【图层】面板中为图层添加图层蒙版,使用【渐变工具】在蒙版中创建由左上角到右下角的线性渐变效果,如图 11-9 所示。

(7)选择【滤镜】→【扭曲】→【波浪】命令,在【波浪】对话框中对滤镜的参数进行设置,如图 11-10 所示。单击【确定】按钮应用滤镜,图像的效果如图 11-11 所示。

(8)在【图层】面板中选择【图层 1】。按 Ctrl+L 键打开【色阶】对话框,在对话框中通过调整中间灰色滑块的位置将图像适当调亮,如图 11-12 所示。单击【确定】按钮关闭【色阶】对话框,此时图像的效果如图 11-13 所示。

图 11-8 应用【切变】滤镜后的图像效果

图 11-9 在图层蒙版中创建线性渐变效果

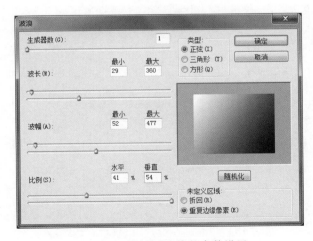

图 11-10 【波浪】滤镜的参数设置

图 11-11　应用【波浪】滤镜后的图像效果

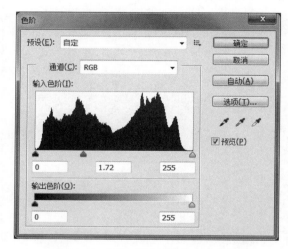

图 11-12　调整中间灰色滑块的位置

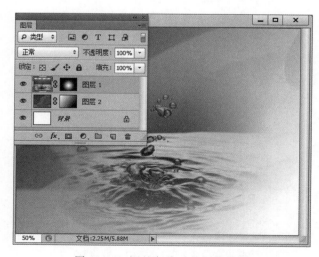

图 11-13　调整色阶后的图像效果

2. 制作装饰物

（1）在工具箱中选择【椭圆工具】，在工具选项栏中对工具进行设置，如图 11-14 所示。使用【椭圆工具】绘制两个圆形路径，如图 11-15 所示。

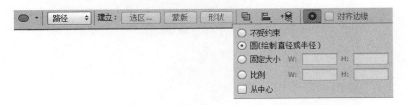

图 11-14 【椭圆工具】的工具选项栏的设置

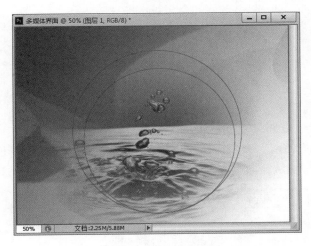

图 11-15 绘制两个圆形路径

（2）打开【路径】面板，单击【路径】面板中的【将路径作为选区载入】按钮，获得选区，如图 11-16 所示。选择【选择】→【变换选区】命令，对选区进行变换，如图 11-17 所示。

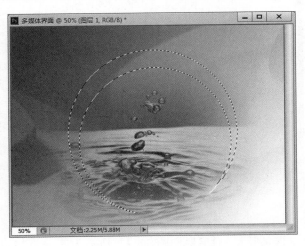

图 11-16 将路径转换为选区

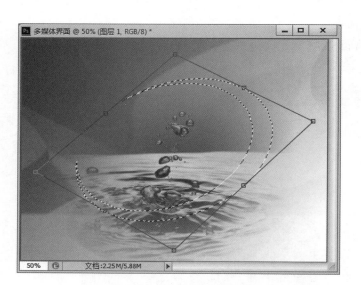

图 11-17　变换选区

(3) 完成选区的变换后,单击【确定】按钮确认变换。在【图层】面板中创建一个新层,在工具箱中选择【渐变工具】,打开【渐变编辑器】对渐变进行编辑,选择左侧颜色为当前图像中的深蓝色区域颜色,中间颜色为当前图像中的浅蓝色区域颜色,右侧颜色为白色,如图 11-18所示。使用【渐变工具】从下向上在选区中创建线性渐变效果,如图 11-19 所示。

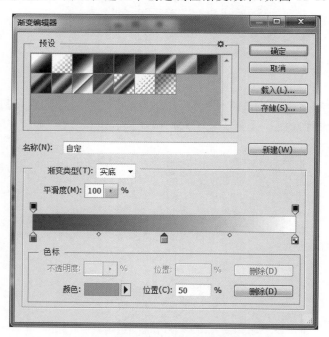

图 11-18　使用【渐变编辑器】编辑渐变

(4) 按 Ctrl+D 键取消选区,打开【图层样式】对话框为图层添加图层样式。在【图层样式】对话框中勾选【投影】复选框,同时对投影效果进行设置,如图 11-20 所示。

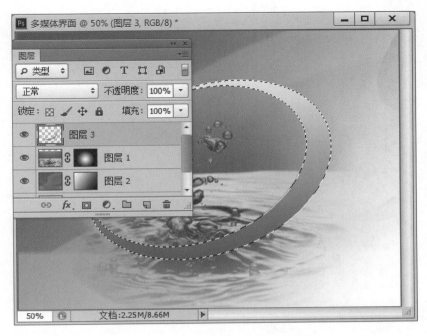

图 11-19　在选区中创建线性渐变效果

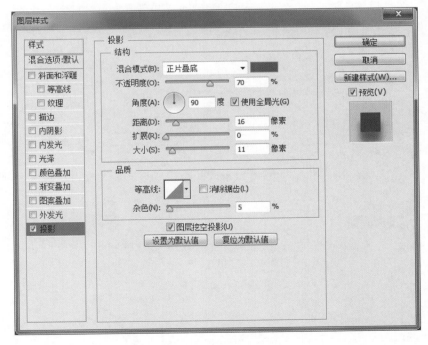

图 11-20　投影效果的设置

（5）勾选【内阴影】复选框，对内阴影效果进行设置，如图 11-21 所示。

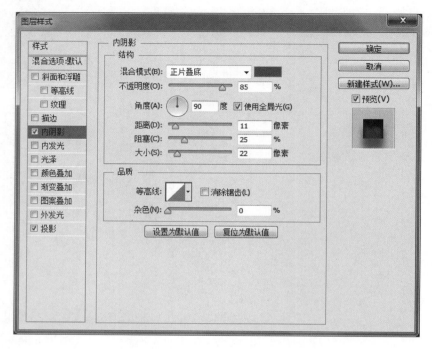

图 11-21　设置内阴影效果

（6）勾选【外发光】复选框，对外发光效果进行设置，如图 11-22 所示。

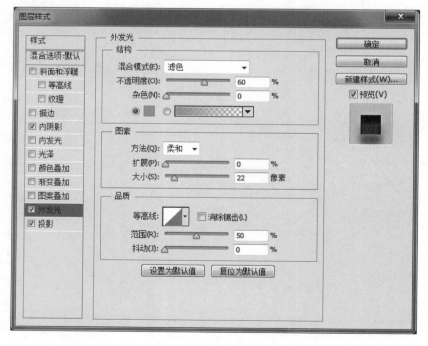

图 11-22　设置外发光效果

（7）勾选【内发光】复选框，对内发光效果进行设置，如图 11-23 所示。

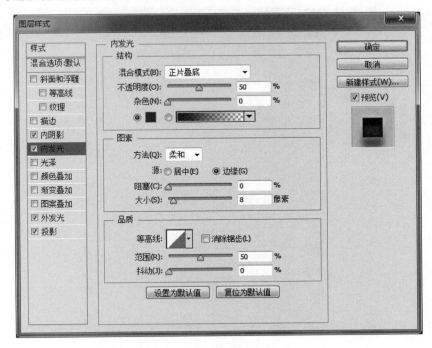

图 11-23　设置内发光效果

（8）勾选【斜面和浮雕】复选框，对斜面和浮雕效果进行设置，如图 11-24 所示。勾选【等高线】复选框，对等高线参数进行设置，如图 11-25 所示。

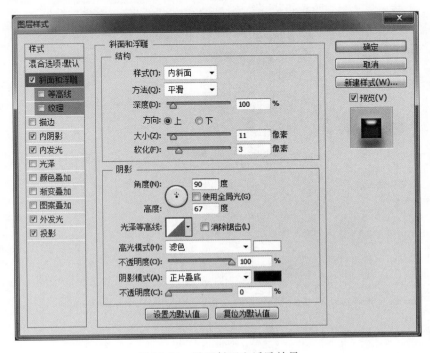

图 11-24　设置斜面和浮雕效果

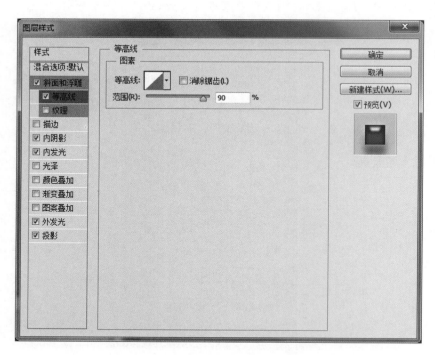

图 11-25　【等高线】的参数设置

（9）勾选【光泽】复选框，同时对参数进行设置，如图 11-26 所示。

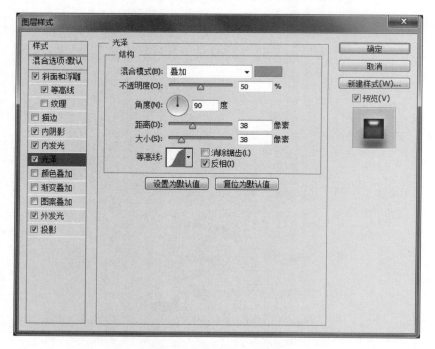

图 11-26　【光泽】的参数设置

（10）勾选【颜色叠加】复选框，同时对参数进行设置，如图 11-27 所示。

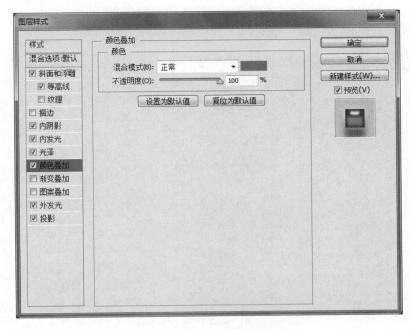

图 11-27 【颜色叠加】的参数设置

（11）完成所有参数设置后，单击【确定】按钮关闭【图层样式】对话框，此时图像效果如图 11-28 所示。

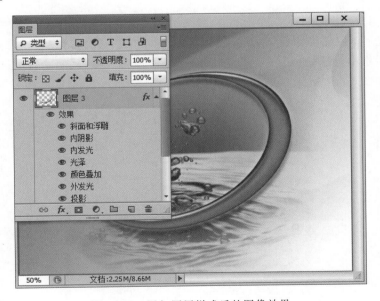

图 11-28 添加图层样式后的图像效果

11.2.2 创建标题

下面介绍界面标题文字及其效果的创建。

1．"Photoshop CS6"文字效果的创建

（1）在工具箱中选择【横排文字工具】，在图像中创建文字"Photoshop CS6"，并打开【字符】面板设置字符样式，如图 11-29 所示。

图 11-29　创建文字并设置字符样式

（2）将文字图层栅格化，然后选择【滤镜】→【像素化】→【马赛克】命令，打开【马赛克】对话框。在对话框中对滤镜参数进行设置，如图 11-30 所示。单击【确定】按钮应用滤镜，此时文字的效果如图 11-31 所示。

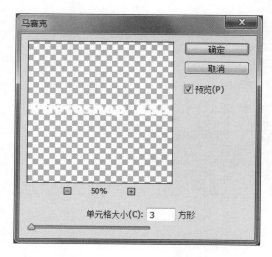

图 11-30　【马赛克】对话框

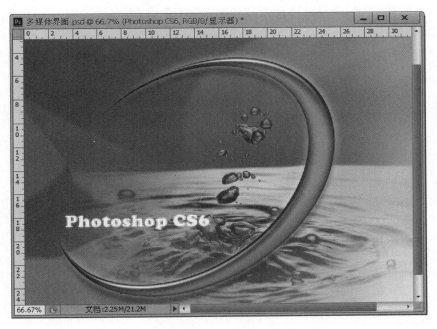

图 11-31　应用【马赛克】滤镜后的文字效果

（3）双击文字所在的图层，打开【图层样式】对话框。在对话框中勾选【描边】复选框，对其参数进行设置，如图 11-32 所示。

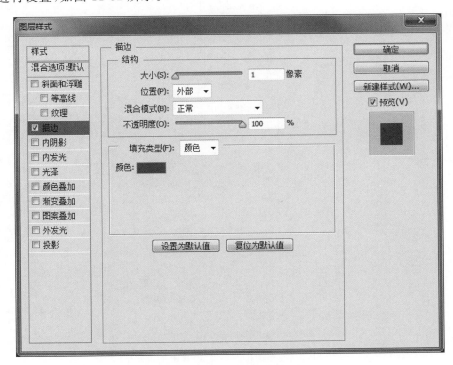

图 11-32　【描边】样式的参数

（4）勾选【投影】复选框，对其参数进行设置，如图 11-33 所示。单击【确定】按钮关闭【图层样式】对话框，此时文字效果如图 11-34 所示。

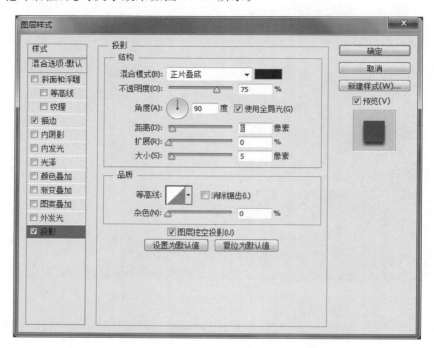

图 11-33 【投影】样式的参数设置

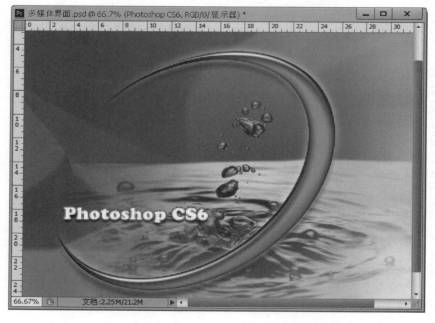

图 11-34 应用图层样式后的文字效果

2. 标题中"平面设计技巧详解"文字效果的创建

（1）使用【横排文字工具】创建文字"平面设计技巧详解"，使用【字符】面板设置字符样式，如图 11-35 所示。

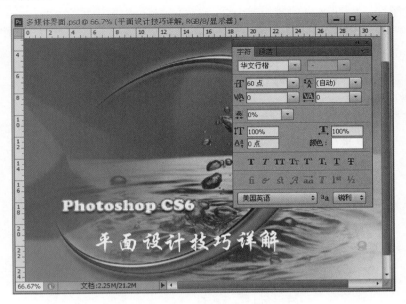

图 11-35　创建文字并设置字符样式

（2）双击文字所在的图层，打开【图层样式】对话框，在【样式】选项组中分别勾选【投影】复选框、【内发光】复选框、【斜面和浮雕】复选框、【颜色叠加】复选框，并分别对投影样式进行设置。完成设置后，单击【确定】按钮，关闭【图层样式】对话框应用图层样式，至此标题创建完成，创建的文字标题效果如图 11-36 所示。

图 11-36　创建的文字标题效果

11.2.3 制作导航图标

下面在背景上添加导航图标。

1. 制作图标

(1) 打开素材文件夹 part11 中的"图标 1.jpg"文件。在工具箱中选择【裁剪工具】,在素材图片中拖出一个正方形裁剪框,对图片进行裁剪操作,如图 11-37 所示。

图 11-37 裁剪素材图片

(2) 选择【图像】→【图像大小】命令,打开【图像大小】对话框,在对话框中设置新图像的大小,如图 11-38 所示。单击【确定】按钮缩小图像,如图 11-39 所示。

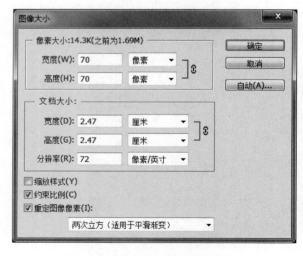

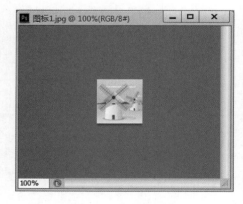

图 11-38 【图像大小】对话框的设置　　　　图 11-39 缩小图像

（3）使用【移动工具】将缩小后的图像放置到当前处理的图像中，并在【图层】面板中将该图像所在的图层命名为"图标 1"，如图 11-40 所示。

图 11-40　放置图像

2. 制作装饰线

（1）创建一个新图层，将其命名为"图标 1 线条"。使用【钢笔工具】创建矢量路径，如图 11-41 所示。

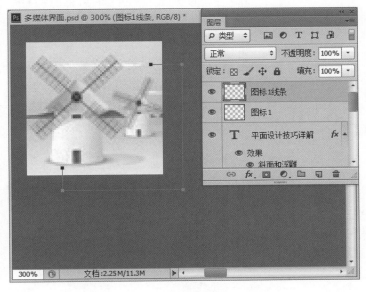

图 11-41　创建矢量路径

（2）在工具箱中选择【画笔工具】，在【画笔】面板中对画笔进行设置。这里将画笔笔尖的直径设置为 1 像素，同时勾选【形状动态】复选框，如图 11-42 所示。

图 11-42　设置画笔笔尖

（3）将前景色设置为白色，在【路径】面板中单击【用画笔描绘路径】按钮。在【路径】面板中单击【删除当前路径】按钮将路径删除。在【图层】面板中将【图标 1 线条】图层放置到【图标 1】图层的下方。此时的图像效果如图 11-43 所示。

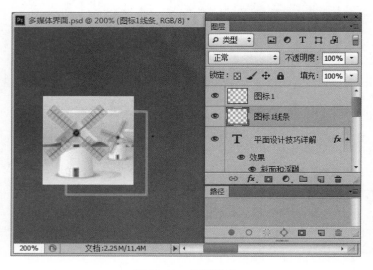

图 11-43　绘制线条

3. 制作其他图标效果

（1）采用与上面相同的方式添加图标，并为图标添加装饰性线条，如图 11-44 所示。

图 11-44　添加其他图标

专家点拨：其他图标的制作也可以采用以下方法，首先将图标 1 的制作方法录制为动作，然后对其他 3 个图片执行【批处理】使用动作。对于其他图标线条的制作可以将图标 1 线条复制 3 次后执行移动操作。

（2）在【图层】面板中按住 Ctrl 键单击图标所在的【图标 1】、【图标 2】、【图标 3】和【图标 4】图层，将它们同时选择。选择【图层】→【对齐】→【左边】命令，使图标靠左对齐。采用同样的方法对图标的装饰线进行对齐操作。

11.2.4　制作导航按钮

多媒体软件界面中的一个重要元素就是按钮，按钮的作用是导航，将程序引导到需要的位置。按钮一般有正常状态、鼠标滑过状态、鼠标按下状态 3 种状态。下面介绍本案例中的导航按钮的制作。

1. 制作常态时的按钮

（1）按 Ctrl＋N 键打开【新建】对话框，在【新建】对话框中对新建文档的参数进行设置，如图 11-45 所示。完成设置后单击【确定】按钮创建一个新文档。

（2）在工具箱中选择【圆角矩形工具】，在工具选项栏中对工具进行设置，如图 11-46 所示。使用该工具在新文档中绘制一个圆角矩形，如图 11-47 所示。

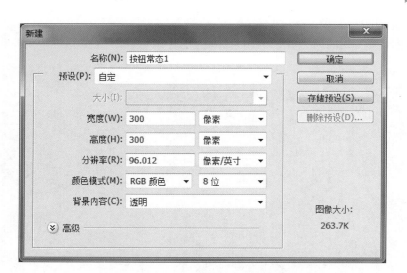

图 11-45 【新建】对话框的参数设置

图 11-46 工具选项栏中工具的设置

（3）按 Ctrl＋Enter 键将路径转换为选区，并用蓝色填充选区，如图 11-48 所示。

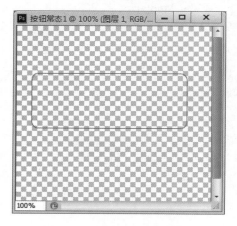

图 11-47 绘制一个圆角矩形

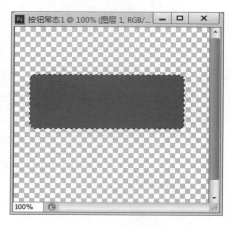

图 11-48 用蓝色填充选区

（4）按 Ctrl＋D 键取消选区，然后打开【图层样式】对话框为图层添加【投影】样式，其参数设置如图 11-49 所示。

（5）为图层添加【描边】样式，并且对【描边】样式进行设置，如图 11-50 所示。单击【确定】按钮关闭对话框，图像的效果如图 11-51 所示。

（6）在工具箱中选择【横排文字工具】，在图像中输入文字，并使用【字符】面板设置文字样式，如图 11-52 所示。

（7）保存文件，完成第一个按钮的制作。

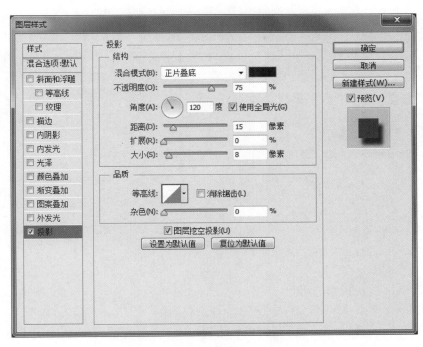

图 11-49　设置【投影】样式参数

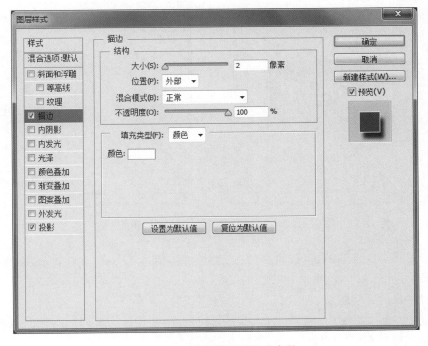

图 11-50　设置【描边】样式参数

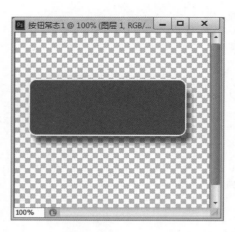

图 11-51   添加图层样式后的图像效果

图 11-52   创建文字并设置文字样式

2. 制作鼠标滑过状态按钮

(1)在"按钮常态 1.psd"文件中按住 Ctrl 键单击【图层 1】载入选区,如图 11-53 所示。

(2)将前景色设置为浅蓝色(其颜色值为"R:197,G:223,B:249"),使用【油漆桶工具】填充选区,如图 11-54 所示。

图 11-53   载入选区

图 11-54   填充选区

(3)按 Ctrl+D 键取消选区,将文件保存为"按钮滑过 1.psd"文件,完成鼠标滑过时的按钮的制作。

3. 制作鼠标按下状态按钮

(1)打开"按钮常态 1.psd"文件,在【图层】面板中双击【图层 1】,在打开的【图层样式】对话框中取消选中【投影】复选框,如图 11-55 所示。

(2)单击【确定】按钮,关闭【图层样式】对话框,此时图像的效果如图 11-56 所示。将文件保存为"按钮按下 1.psd",至此,按钮 1 的 3 种状态按钮制作完成。

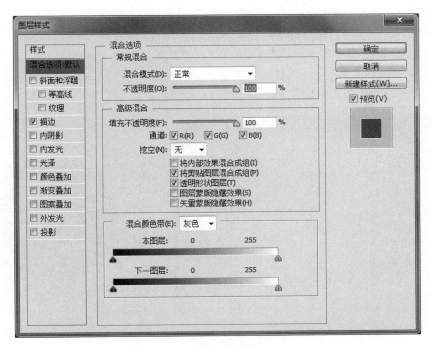

图 11-55　取消【投影】复选框的选中

4．其他按钮的制作

（1）打开"按钮常态 1.psd"文件，在按钮标签文字所在的图层中将文字改为新按钮的标签文字，并适当调整文字的大小，如图 11-57 所示。

图 11-56　取消【投影】样式效果后的图像效果

图 11-57　修改文字并调整文字大小

（2）将文档保存为"按钮常态 2.psd"，完成第 2 个常态下的按钮的制作。打开"按钮滑过 1.psd"文件，将按钮标签改为"素材与源文件"，同样修改文字大小。

（3）按照相同的方法制作第 2 个按钮按下状态时的按钮，完成第 2 个按钮的制作。

（4）按照上面介绍的方法完成本案例中其他两个按钮的制作。

5. 圆形水晶按钮的制作

（1）按 Ctrl＋N 键打开【新建】对话框，对新建文档的参数进行设置，如图 11-58 所示。
单击【确定】按钮创建一个新文档，并将文件保存为"水晶按钮常态.psd"。

（2）在工具箱中选择【椭圆选框工具】，在图像中绘制一个圆形选区，并以蓝色的前景色
填充选区，如图 11-59 所示。

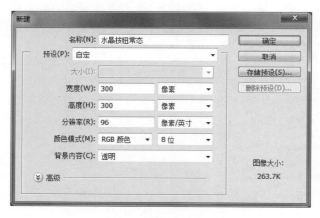

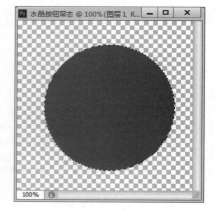

图 11-58 【新建】对话框的参数设置　　　　　　　图 11-59　绘制圆形选区

（3）按 Ctrl＋D 键取消选区，然后双击【图层 1】，打开【图层样式】对话框，使用与 11.2.2 节
中相同的步骤和设置为图层添加样式效果，只是在最后为图层添加一个【描边】效果，其参数
设置如图 11-60 所示。

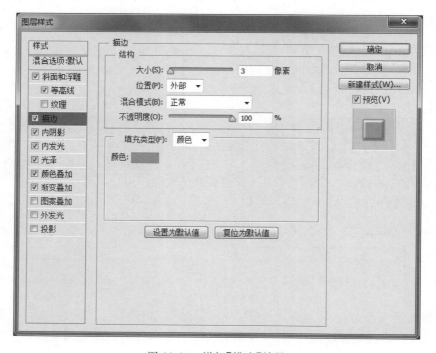

图 11-60　增加【描边】效果

（4）完成图层样式的添加后关闭【图层样式】对话框,此时获得一个水晶按钮,如图 11-61 所示。保存文件,完成水晶按钮常态的制作。

（5）双击【图层 1】,打开【图层样式】对话框,修改图层样式,这里主要将各样式中涉及的颜色全部改为绿色,应用图层样式效果后得到一个绿色的水晶按钮,如图 11-62 所示。

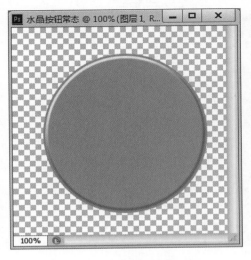

图 11-61　水晶球效果

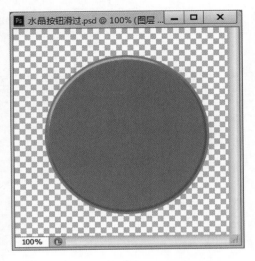

图 11-62　制作绿色水晶按钮

（6）将文件保存为“水晶按钮滑过.psd”,完成按钮在鼠标滑过时状态的制作。

（7）使用相同的方法将颜色改为蓝色,得到一个蓝色水晶按钮,如图 11-63 所示。将按钮保存为“水晶按钮按下.psd”文件,完成按钮在鼠标按下时状态的制作。

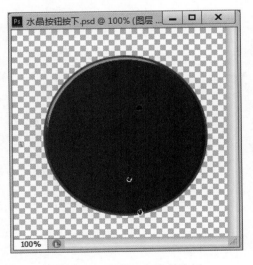

图 11-63　制作蓝色水晶按钮

11.2.5　制作界面效果图

为了展示程序界面在程序中的效果,这里制作出主界面中添加各按钮后的效果图。

1. 添加导航按钮

(1) 切换到"多媒体界面.psd"文档窗口,打开"按钮常态 1.psd"文件。在【图层】面板中只选择最上面的图层,按 Ctrl+E 键合并图层,如图 11-64 所示。

图 11-64　合并图层

(2) 在工具箱中选择【移动工具】,将合并后的图层拖到"多媒体界面.psd"文档窗口中,如图 11-65 所示。

图 11-65　拖放到文档窗口中

（3）按 Ctrl＋T 键，拖动变换框调整对象的大小和位置。按 Enter 键确认变换操作，添加按钮后的图像效果如图 11-66 所示。

图 11-66 添加按钮后的图像效果

（4）使用相同的方法添加其他按钮，图像效果如图 11-67 所示。

图 11-67 添加按钮后的界面效果

2. 制作退出按钮效果

（1）打开"水晶按钮常态. psd"文件，将其拖放到"多媒体界面. psd"文档窗口中，同时调整其位置并将其缩小，如图 11-68 所示。

图 11-68　将水晶按钮缩小

（2）使用【直排文字工具】输入文字"退出"，然后使用【字符】面板设置文字样式，如图 11-69 所示。

图 11-69　创建文字并设置字符样式

（3）将水晶按钮所在的图层【图层 8】复制 4 个，并将它们按图 11-70 所示的位置放置。

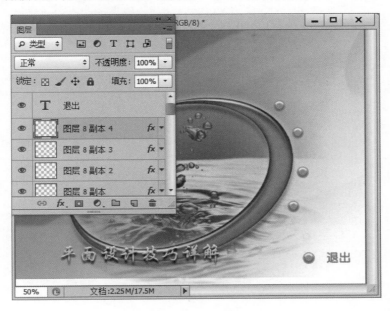

图 11-70　复制并放置按钮

（4）分别在这些按钮后面创建文字，如图 11-71 所示。

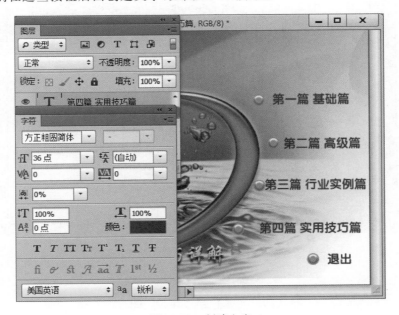

图 11-71　创建文字

（5）在【字符】面板中调整文字的大小，同时对文字和按钮的位置进行适当的调整，如图 11-72 所示。

（6）对图像的各个组成元素进行适当的调整，效果满意后保存文件，完成本案例的制作。本案例的最终效果如图 11-73 所示。

图 11-72　调整文字和按钮的位置

图 11-73　本案例的最终效果

11.3　背景知识简介

在多媒体技术迅速发展的今天,多媒体技术逐渐被广泛应用到社会的各个领域,这使创造美的界面的重要性和必要性越来越得到大家的共识。将美学原理应用到多媒体界面的设计中能够加强界面的气氛,增强界面的吸引力,突出作品的重点,提高美感。

11.3.1　界面的构成

界面是一个窗口,它将不同的元素编排在一起,并形成一个连贯的整体。从实质上说,界面是设计者才艺、技能和软件人工智能的体现,是软件设计者设计理念的体现。就目前的多媒体软件来说,界面主要包括两类:一类是控制元素,指的是界面上的菜单、按钮、图标和各种交互热区或热字;另一类是内容元素,指的是反映有关信息的界面元素,如文字、图片、声音和动画等。

好的程序界面实际上是一个集多种视觉和听觉元素的综合体,其中的视觉元素占了很重要的位置。界面的设计既要考虑到信息的呈现,又要最大限度地实现操作的简单性。可见,多媒体界面的设计是一个思维过程,也是一个组织过程,将控制元素和内容元素有机地结合,充分体现了创意、设计和制作的三合一。

11.3.2　界面设计的基本原则

要想获得良好的人机界面,设计者需要注意遵循一定的设计原则,这些原则包括对比原则、协调原则、平衡原则和趣味性原则。

1. 对比原则

从平面设计的角度来看,对比能够使特征更加鲜明,使画面更富有色彩和表现力。在进行界面设计时,通过对比可以在界面中形成兴趣中心,能够将主体从背景中突出出来。在应用对比构建界面时,可以通过大小的对比来突出界面布局,使使用者获得无法忘怀的最初印象。

在界面中使用明暗对比,将背景设置得暗一些,将重点元素设置得亮一些,可以突出元素在界面中的重要程度。在字体的应用上可以注重粗细对比的应用,如增加细体字、减少粗体字能使界面给人以明快的感觉,重要的文字使用粗体字能给人一种气魄感,而比较柔情的词语可以使用较为纤细的斜体字。

在线条的使用上,曲线富有柔和感,直线富有硬度感和锐利感,两种线条搭配使用能够产生较为和谐的效果。线条中的水平线能够给人以稳定和平静的感觉,而垂直线则具有坚忍和理智的意向。不合理地强调垂直线,界面将会显得冷漠、坚硬,使人难以接近。但合理地应用两者的对比,能够使界面产生紧凑感,避免界面的生硬。

在界面中位置的不同和变化能够产生对比,如在界面两侧放置对象,可以强调同时产生对比;在界面的 4 个角和对角线方向上放置照片、大标题和标识号,能够显出对比关系,使界面更加紧凑。

在界面设计中应该巧妙地应用质感上的对比。界面上的元素间采用质感方式能使对比加强,如大理石背景和蓝色天空的对比能够获得冷静、坚实之外的活泼和自由的感受。

2. 协调原则

所谓的协调,指的是界面上各个元素之间关系统一,结构搭配合理,能够构成一个和谐统一的整体。

在创建界面时,设计者应首先注意界面上的主从关系的统一,两者关系的模糊将会造成使用者的无所适从。同时,要注意动态对象和静态对象的有机结合,如果动态元素占用了界面的大部分,则静态元素的面积就需要相对少一些。最后,注意在界面四周适当留白,这样能够达到强调各自的独立性、吸引用户的效果。

3. 平衡原则

界面是否平衡是界面设计中一个很重要的问题。平衡并不意味着对称,对称能获得庄严感但缺乏活力,因此在界面的设计上一般不使用对称的布局方式。

4. 趣味性原则

在界面中注意趣味性无疑能起到寓教于乐的作用,形象、直观和生动的界面能够增强多媒体软件的趣味性,使操作者乐于使用,较容易达到软件设计的基本目的。

总之,界面设计体现了创意和技术的融合,灵活地使用基本设计原则,巧妙地使用各种应用技巧,能够设计出高水准的界面作品,使多媒体软件发挥最大的作用,从而获得最大的成功。

第 12 章

综合实训案例2
——书籍封面设计

一本好书除了需要好的内容以外还离不开精美的书籍装帧。书籍装帧的对象是各种书籍，由于书籍往往有较大的发行量、较多的读者群，同时具有较为广泛的影响，因此书籍的装帧设计具有很高的要求。本章将介绍书籍装帧的基础知识，并介绍一个书籍装帧的案例，主要包括以下内容。

- 案例简介。
- 案例制作步骤。
- 背景知识简介。

12.1 案 例 简 介

本案例设计一个书籍封面。书籍封面设计涉及的内容多、步骤繁，下面从设计思路和制作方法上进行简单说明。

12.1.1 案例设计思路

本案例的制作从构图、色彩和文字 3 个方面来考虑。书籍的封面设计应该包括书籍的封面、书脊和封底 3 个部分，这 3 个部分在设计时是一个统一的整体，同时又相对独立。在制作时既要单独考虑各个部分的构成元素，同时也要考虑它们之间的整体关系，以达到和谐、统一的效果。

在色彩的运用上，整个封面采用统一的色调，在此色调的基础上安排各个组成元素的色彩和构图。在进行封面的图形设计时以封面为主体进行设计，为其设计出符合书籍内容的图案。其封底相对简单，采用与封面相同的图案，以获得与封面在风格上的统一。

在文字的设计上力求简单明了。书籍的名称设计清晰醒目，能吸引人的注意力，同时其他文字在制作中力求能够清晰地传递信息。

12.1.2 案例制作说明

下面对本案例的制作过程做具体说明。

1. 版面的确定

本案例将同时设计书籍的封面、封底和书脊。在制作时，文档的尺寸需考虑封面、封底、书脊的宽度和高度以及出血线的位置。在确定文档的尺寸时，按照书籍封面和封底的标准宽度与高度设置文档宽度，即宽度为 18.4cm，高度为 26cm。书脊的宽度暂定为 2cm，上、下和两侧的出血宽度为 0.3cm。按照这些数据可计算出文档的宽度为 39.4cm、高度为 26.6cm。

2. 封面的设计思路

在制作时按照封面→书脊→封底的步骤来制作。封面的内容一般包括书名、作者名、出版社名和标志、简短的书籍特点介绍及配套光盘的内容简介等文字,另外还包括有关的图形和图像,以增强封面的可视性,增强美感。这里封面背景直接选用素材文件以提高制作效率,素材的选择突出平面设计这一主题,给人以美感。书名的设计力求简单且富于个性,其他文字根据具体的需要设置文字样式,文字力求清晰、表述清楚。

3. 书脊的设计思路

书脊的制作较为简单,作为封面和封底的过渡区域,它是书籍成为立体形状的关键。书脊的设计与封面、封底的设计在风格上保持一致,因此书脊的背景色使用与封面色调一致的颜色。书名和出版社信息使用和封面相同的方式制作,没有添加多余的特效。

4. 封底的设计思路

封底的制作不需要复杂的图像和文字效果,封底往往会放置责任编辑、书号、条形码、定价等信息。对于计算机类书籍来说,封底还常会安排与书籍或丛书内容相关的信息。这里,封底的图像使用与封面相同的图案。使用文字工具在封底添加需要的文字信息,文字信息没有添加任何特效。

5. 涉及的主要技术

本案例制作中大量使用图层特效来创建需要的效果,如封面主体图像的制作、书名的制作等。使用【自由变换】命令对各设计元素的大小和位置进行调整。封面、书脊和封底文字均使用 Photoshop 的文字工具创建,并使用【字符】面板设置文字的字体和字号。

12.2　案例制作步骤

本节将以一个书籍封面设计为例来介绍使用 Photoshop 进行书籍封面设计与制作的相关知识。

12.2.1　创建版面

设计书籍封面,首先通过添加参考线规划设计时的版面结构,具体制作步骤如下。

1. 创建新文档

(1) 启动 Photoshop CS6,按 Ctrl+N 键打开【新建】对话框,在对话框中设置文档的大小、分辨率和颜色模式,如图 12-1 所示。

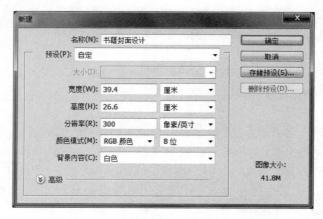

图 12-1　【新建】对话框中的参数设置

（2）由于设计文档较大且较复杂，为了后面制作中存盘的方便，这里先保存创建的新文档。选择【文件】→【存储为】命令，将文件保存为"书籍封面设计.psd"文件。

2．创建设计版面

（1）选择【视图】→【标尺】命令，显示文档窗口中的标尺。选择【编辑】→【首选项】→【单位与标尺】命令，打开【首选项】对话框，将标尺单位设置为"厘米"，如图 12-2 所示。

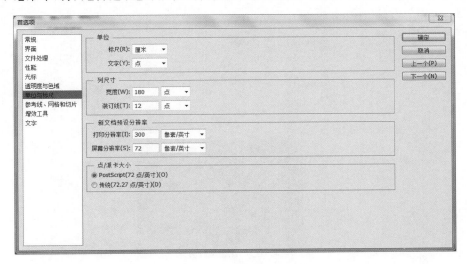

图 12-2　设置标尺单位

（2）从标尺上拖出版面的参考线。封面划分为封面、封底和书脊 3 个工作区，根据封面尺寸创建参考线，同时在文档的四周创建出血线，如图 12-3 所示。

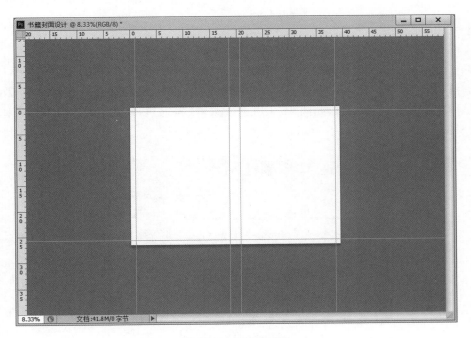

图 12-3　创建参考线

12.2.2　制作封面主体图案

下面介绍书籍封面的制作。封面包含的元素较多,在制作时主要需要制作封面的主体。

1. 封面主体画面的制作

(1)打开素材文件夹 part12 中的"素材 1.jpg"文件,使用【移动工具】将它拖放到"书籍封面设计.psd"文档窗口中,如图 12-4 所示。

图 12-4　添加素材图片

(2)按 Ctrl+B 键打开【色彩平衡】对话框,首先调整图片中间调的色彩,如图 12-5 所示。选择【阴影】单选按钮,调整图片阴影区域的色彩,如图 12-6 所示。选择【高光】单选按钮,调整图片高光区域的色彩,如图 12-7 所示。单击【确定】按钮,关闭【色彩平衡】对话框,此时素材图片的效果如图 12-8 所示。

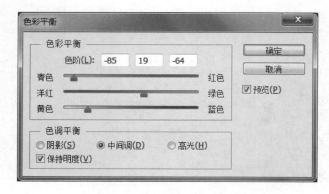

图 12-5　调整中间调的色彩

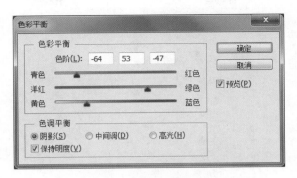

图 12-6 调整阴影区域的色彩

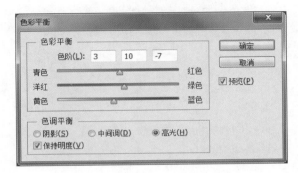

图 12-7 调整高光区域的色彩

图 12-8 使用【色彩平衡】命令后的素材图片效果

（3）打开素材文件夹 part12 中的"飞鸟.jpg"文件，如图 12-9 所示。

（4）使用【魔棒工具】选中飞鸟的背景选区，然后在工具选项栏中单击【调整边缘】按钮，如图 12-10 所示。单击【确定】按钮关闭对话框，按 Ctrl＋Shift＋I 键获得飞鸟选区，如图 12-11 所示。

图 12-9　打开飞鸟素材图片

图 12-10　【调整边缘】对话框

图 12-11　获得飞鸟选区

（5）使用【移动工具】将飞鸟拖放到"书籍封面设计. psd"文档窗口中，如图 12-12 所示。

图 12-12 将飞鸟拖放到当前文件中

（6）使用【自由变换】命令分别调整两个素材的大小，如图 12-13 所示。

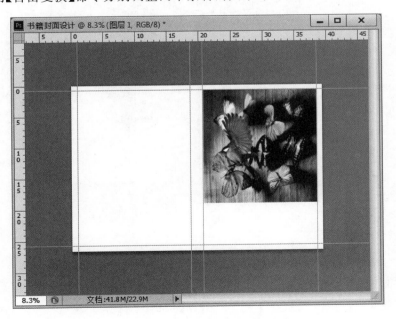

图 12-13 分别调整两个素材的大小

（7）在工具箱中选择【椭圆框选工具】，在图像中绘制一个椭圆选框，如图 12-14 所示。在【图层】面板中选择【图层 1】，按 Ctrl＋Shift＋I 键反转选区，然后按 Delete 键删除选区内容，如图 12-15 所示。

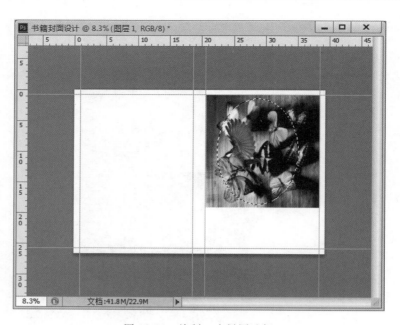

图 12-14　绘制一个椭圆选框

图 12-15　反转选区并删除选区中的内容

　　(8) 在【背景】图层上新建一个图层——【图层 3】。按 Ctrl＋Shift＋I 键反转选区得到刚才的椭圆选区,然后选择【选择】→【修改】→【边界】命令,打开【边界选区】对话框,在对话框中将【宽度】设置为 150 像素,如图 12-16 所示。单击【确定】按钮关闭对话框,此时的选区如图 12-17 所示。将前景色设置为绿色(其颜色值为"R:216,G:254,B:3"),使用【油漆桶

图 12-16　设置【宽度】的值

工具】填充选区,如图 12-18 所示。

图 12-17　使用【边界】命令后的选区　　　　　图 12-18　填充选区

(9) 按 Ctrl+D 键取消选区,然后在【图层】面板中双击【图层 3】,打开【图层样式】对话框,在对话框中勾选【斜面和浮雕】复选框和【等高线】复选框,对【斜面和浮雕】样式的参数进行设置,如图 12-19 所示。单击【确定】按钮关闭【图层样式】对话框,此时图像的效果如图 12-20 所示。

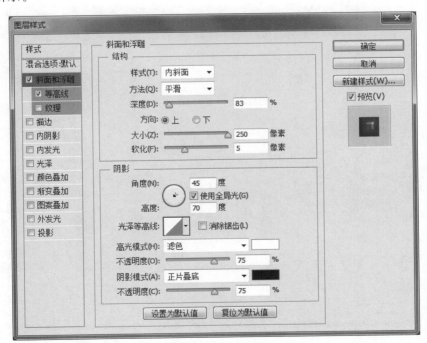

图 12-19　设置【斜面和浮雕】样式的参数

(10) 在【图层】面板中选择飞鸟所在的图层,打开【图层样式】对话框。在该对话框中勾选【外发光】复选框,并对【外发光】样式的参数进行设置,如图 12-21 所示。完成设置后单击

【确定】按钮关闭对话框,此时图像的效果如图 12-22 所示。

图 12-20　图像的效果

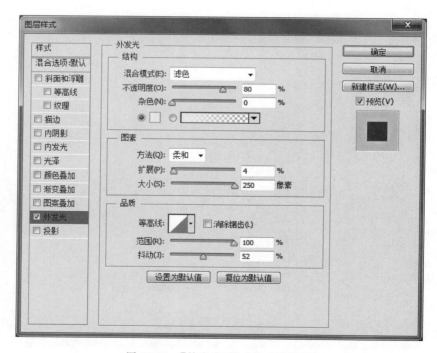

图 12-21　【外发光】样式的参数设置

2. 添加装饰羽毛

(1) 打开素材文件夹 part12 中的"羽毛.jpg"文件,将其复制到"书籍封面设计.psd"文件中,如图 12-23 所示。

图 12-22　为飞鸟添加发光效果

图 12-23　复制羽毛

（2）按 Ctrl＋T 键对羽毛进行自由变换，将其放大并调整位置，如图 12-24 所示。

（3）按 Enter 键确认对羽毛的变换，然后双击羽毛所在的图层打开【图层样式】对话框。在对话框中勾选【外发光】复选框，并对【外发光】样式的参数进行设置，如图 12-25 所示。

（4）单击【确定】按钮关闭【图层样式】对话框。将羽毛所在的图层复制 3 个，然后使用【自由变换】命令调整两个图层中羽毛的大小和旋转角度，并将它们首尾连接放置。在【图

图 12-24　对羽毛进行自由变换

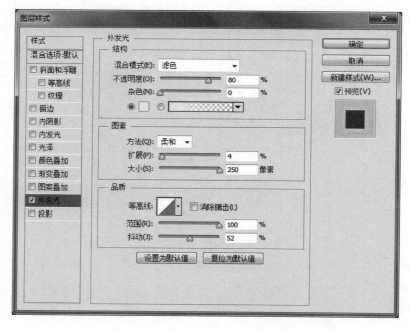

图 12-25　【外发光】样式的参数设置

层】面板中调整这 3 个复制图层的【不透明度】值,将它们分别设置为 60%、40%和 100%,此时获得的效果如图 12-26 所示。

　　(5) 将羽毛再复制一个,并调整其大小和位置,使其与其他的羽毛分开放置,如图 12-27 所示。

图 12-26 复制羽毛并调整图层的【不透明度】值

图 12-27 再复制一个羽毛

12.2.3 制作封面背景

下面介绍封面背景的制作。

1. 制作背景效果

（1）在工具箱中选择【椭圆选框工具】，在工具选项栏中将【羽化】值设置为 0，然后在图像中绘制一个椭圆选区，如图 12-28 所示。

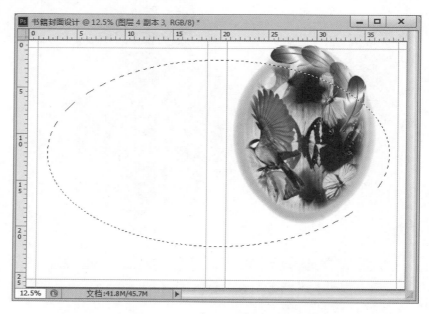

图 12-28　绘制一个椭圆选区

（2）按 Ctrl＋－键缩小窗口，然后选择【选择】→【变换选区】命令，拖动获得的选区变换框的控制柄修改选区的形状，如图 12-29 所示。

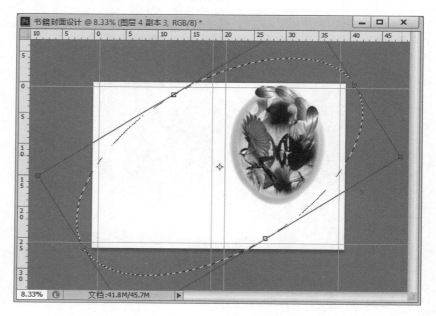

图 12-29　变换选区

（3）按 Enter 键确认选区变换。在【图层】面板中的【背景】图层上创建一个新图层，将其命名为"封面背景"，使该图层处于当前选中状态。按 Ctrl＋Shift＋I 键反转选区，如图 12-30 所示。设置前景色（其颜色值为"R:29,G:127,B:2"），使用【油漆桶工具】填充选区，如图 12-31 所示。

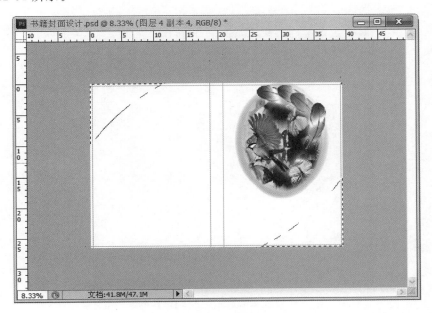

图 12-30　反转选区

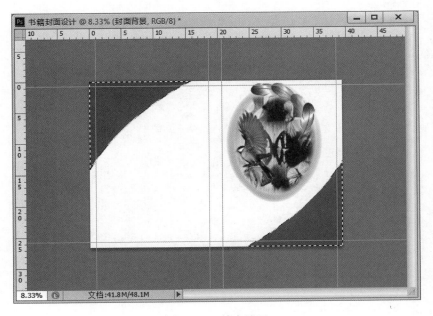

图 12-31　填充选区

（4）按 Ctrl＋Shift＋I 键反转选区。在工具箱中选择【渐变工具】，打开【渐变编辑器】对话框对渐变进行编辑，如图 12-32 所示。这里，前景色的颜色值为"R:99,G:178,B:5"，背景色的颜色值为"R:219,G:252,B:36"。使用【渐变工具】以【线性渐变】方式在选区中创建渐变效果,如图 12-33 所示。完成操作后按 Ctrl+D 键取消选区。

图 12-32　【渐变编辑器】对话框

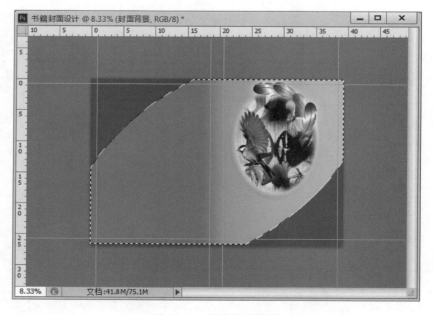

图 12-33　创建渐变效果

2. 添加封面装饰

(1) 在【封面背景】图层上创建一个新图层。然后在工具箱中选择【钢笔工具】,在图像中创建矢量路径,如图 12-34 所示。

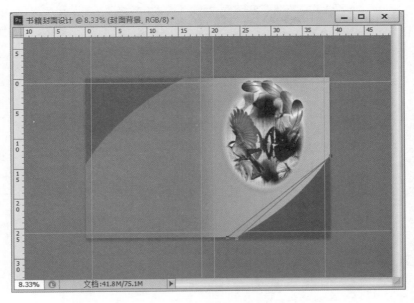

图 12-34　创建矢量路径

（2）使用矢量工具调整路径形状，如图 12-35 所示。完成路径的调整后，按 Ctrl＋Enter 键将路径转换为选区。

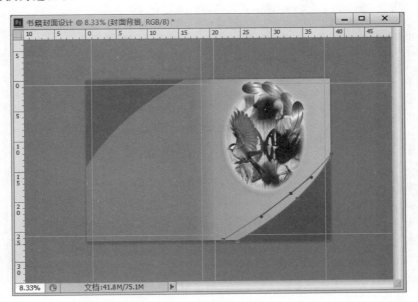

图 12-35　调整路径形状

（3）在工具箱中选择【渐变工具】，打开【渐变编辑器】对话框对渐变进行设置，如图 12-36 所示。这里，在【预设】选项组中选择【从前景到透明】渐变样式，并设置前景色（颜色值为 "R:158,G:212,B:15"）。

（4）使用【渐变工具】以线性渐变的方式在选区中创建渐变效果，如图 12-37 所示。在【图层】面板中将新建的图层重新命名为"背景线条"。

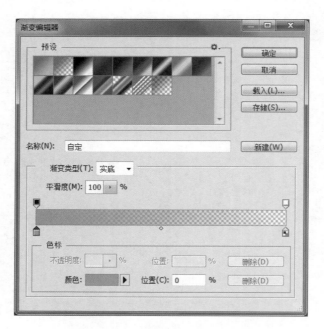

图 12-36 【渐变编辑器】中的设置

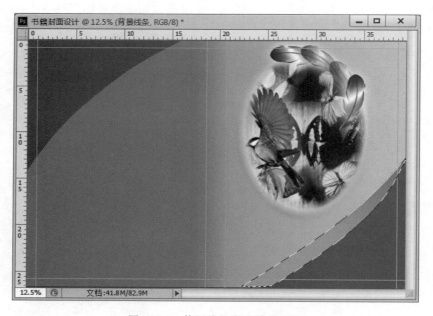

图 12-37 使用线性渐变填充选区

12.2.4 添加封面文字

封面的文字首先包括书名,由于本案例中是一本计算机书籍,所以文字部分还包括书籍特点说明等元素。下面介绍封面文字效果的制作过程。

1. 标题的创建

(1) 在【图层】面板中选择最上面的图层,使用【横排文字工具】在图像中输入文字

"Photoshop CS6"。打开【字符】面板,设置文字的字体和字号,将文字设置为【仿斜体】,如图 12-38 所示。

图 12-38　创建文字并设置字符样式

（2）双击文字所在的图层,打开【图层样式】对话框,勾选【描边】复选框,并对【描边】样式参数进行设置,如图 12-39 所示。单击【确定】按钮关闭【图层样式】对话框,应用图层样式后的文字效果如图 12-40 所示。

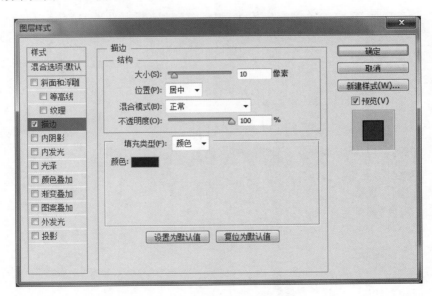

图 12-39　设置【描边】样式参数

（3）选择【横排文字工具】,创建文字"平面设计基础教程",并设置字符样式,如图 12-41 所示。

（4）双击文字所在的图层,打开【图层样式】对话框,为图层添加【描边】样式,【描边】样式的参数设置如图 12-42 所示。单击【确定】按钮关闭【图层样式】对话框,此时图像的效果如图 12-43 所示。

图 12-40   应用图层样式后的文字效果

图 12-41   创建字符并设置字符样式

图 12-42   【描边】样式的参数设置

图 12-43　添加【描边】样式后的文字效果

2. 添加说明文字

（1）使用【横排文字工具】在图像中输入作者信息并设置字符样式，如图 12-44 所示。

图 12-44　输入作者信息

（2）使用【横排文字工具】在图像中输入说明文字，并设置字符样式，如图 12-45 所示。

（3）创建一个名为【方块】的图层，然后使用【矩形选框工具】在图层中创建一个正方形选区，并以白色填充选区。打开【图层样式】对话框，为图层添加【投影】样式，【投影】样式的参数设置如图 12-46 所示。单击【确定】按钮，这时的方块效果如图 12-47 所示。

（4）按 Ctrl＋D 键取消选区，然后将【方块】图层复制 3 个，分别将方块与文字对齐，此时的图像效果如图 12-48 所示。

（5）使用【横排文字工具】在图像中输入出版社信息，并使用【字符】面板设置字符样式，如图 12-49 所示。

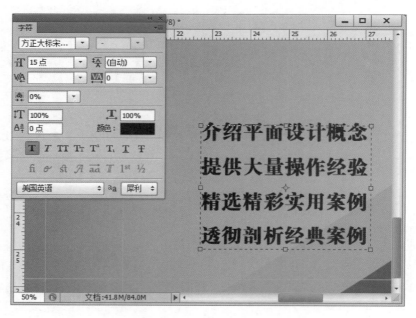

图 12-45 创建说明文字

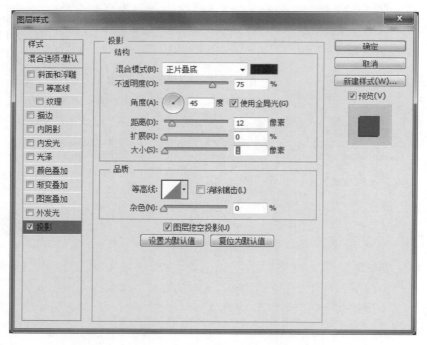

图 12-46 【投影】样式的参数设置

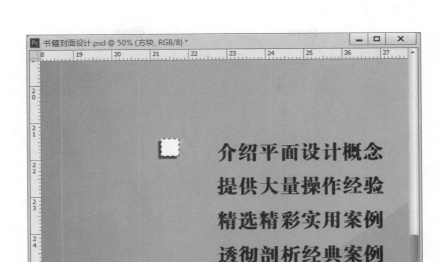

图 12-47 添加【投影】样式的效果

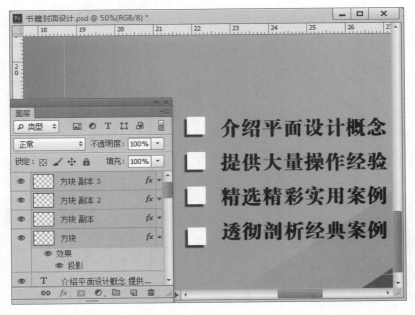

图 12-48 复制并排列方块

图 12-49　输入出版社信息

3. 添加附带光盘信息

（1）在【图层】面板中创建一个名为【光盘】的新图层，然后使用【椭圆选框工具】绘制一个圆形选区，如图 12-50 所示。

（2）选择【渐变工具】，打开【渐变编辑器】，在【预设】选项组中选择【色谱变换】，如图 12-51 所示。使用【渐变工具】以【角度渐变】方式在选区中创建渐变效果，如图 12-52 所示。

图 12-50　绘制圆形选区

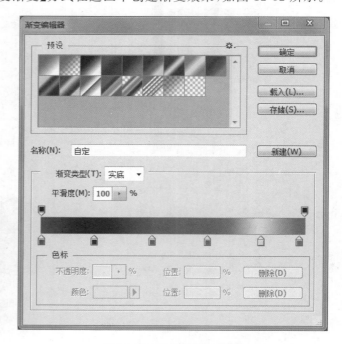

图 12-51　选择【色谱变换】

（3）选择【编辑】→【描边】命令，打开【描边】对话框，将【宽度】设置为 6 像素，将描边位置设置为【居外】，如图 12-53 所示。单击【确定】按钮关闭【描边】对话框，选区描边效果如图 12-54 所示。

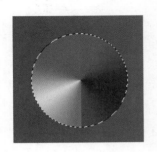

图 12-52　创建渐变效果

图 12-53　【描边】对话框

（4）选择【选择】→【变换选区】命令，拖动出现的控制柄将选区缩小，如图 12-55 所示。

（5）按 Delete 键删除选区内容，如图 12-56 所示。选择【编辑】→【描边】命令，在【描边】对话框中对参数进行设置，如图 12-57 所示。单击【确定】按钮对选区描边，按 Ctrl＋D 键取消选区，获得的光盘效果如图 12-58 所示。

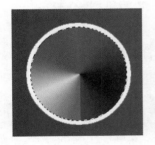

图 12-54　选区描边效果

图 12-55　缩小选区

图 12-56　删除选区内容

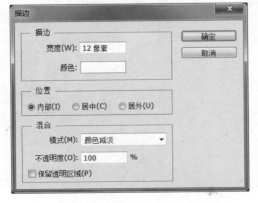

图 12-57　【描边】对话框中的参数设置

图 12-58　获得光盘效果

（6）双击光盘所在的图层，打开【图层样式】对话框。勾选【投影】复选框，对【投影】样式的参数进行设置，如图 12-59 所示。单击【确定】按钮关闭对话框，光盘获得投影效果，如图 12-60 所示。

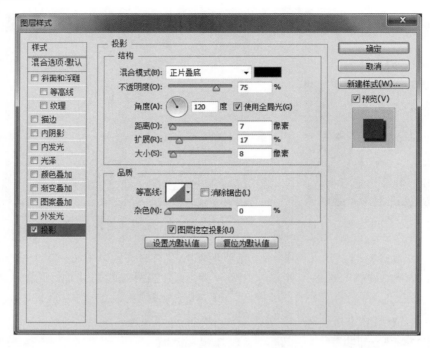

图 12-59 【投影】样式的参数设置

（7）使用【横排文字工具】创建文字"CD-ROM"，并在【字符】面板中设置字符样式，如图 12-61 所示。

图 12-60 添加投影效果后的光盘　　　　　　图 12-61 设置字符样式

（8）使用【横排文字工具】在光盘右侧创建说明文字，如图 12-62 所示。这里的文字使用与步骤（7）相同的字体和字号。

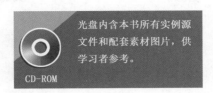

图 12-62　创建说明文字

（9）对封面元素的位置关系进行适当调整。在【图层】面板中对背景所在的图层和封面内容所在的图层进行分组，使面板显得简洁。至此，封面制作完成，完成的封面效果如图 12-63 所示。

图 12-63　完成的封面效果

12.2.5　制作书脊

书脊的制作主要包括书脊的背景和书脊文字的添加，下面介绍书脊的制作过程。

（1）使用【矩形选框工具】在书脊处创建矩形选区，如图 12-64 所示。使用【油漆桶工具】填充选区，如图 12-65 所示，填充使用的颜色值为"R：27，G：141，B：5"。完成颜色填充后按 Ctrl＋D 键取消选区。

（2）使用【横排文字工具】在图像中输入文字"Photoshop CS6"，并在【字符】面板中设置文字样式，如图 12-66 所示。

（3）按 Ctrl＋T 键，拖动控制柄将文字旋转 90°并放置在书脊处。按 Enter 键确认对文字的变换，此时图像的效果如图 12-67 所示。

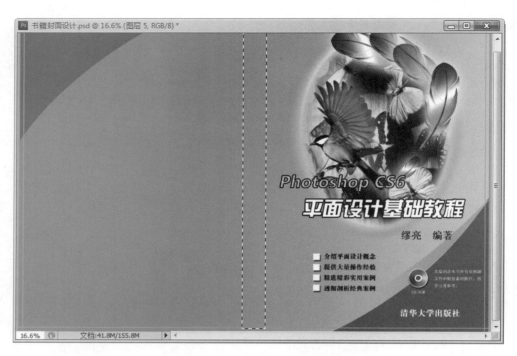

图 12-64　绘制矩形选区

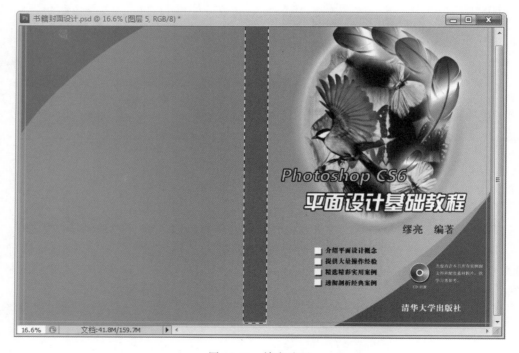

图 12-65　填充选区

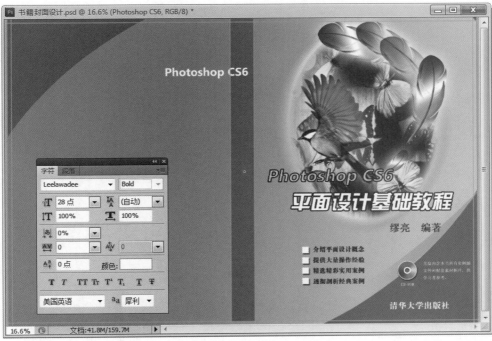

图 12-66 输入文字并设置文字样式

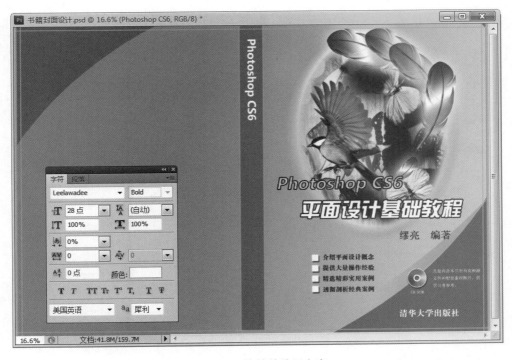

图 12-67 旋转并放置文字

（4）使用【直排文字工具】在书脊处输入书名的汉字部分，同时设置字符样式，如图 12-68 所示。

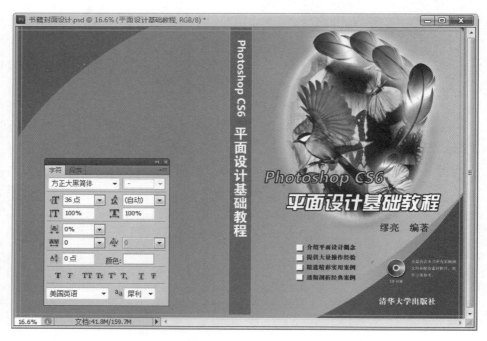

图 12-68　输入书名汉字部分并设置文字样式

（5）使用【直排文字工具】在书脊处输入出版社名，同时设置字符样式，如图 12-69 所示。

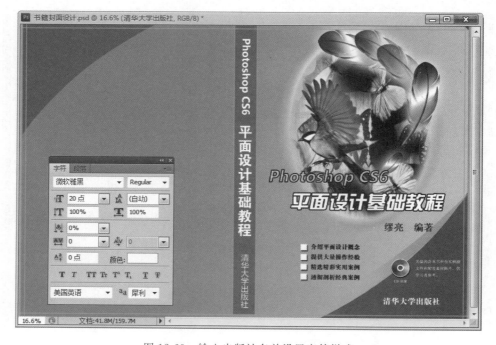

图 12-69　输入出版社名并设置字符样式

（6）对书脊处各元素的位置和大小进行适当调整。在【图层】面板中创建一个名为【书脊】的组，将包含书脊元素的图层放置于该组中，如图 12-70 所示。至此，书脊制作完成。

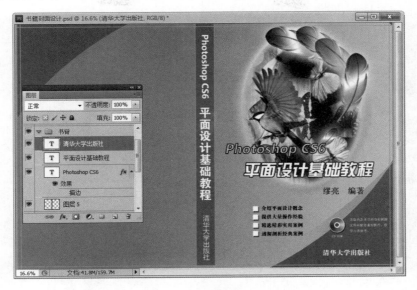

图 12-70　将图层分组

12.2.6　制作封底

　　书籍的封底包括封底图案、书名、图书条码、定价和责任编辑等信息。对于计算机类图书来说，封底还常有本书或所属系列丛书的有关特点介绍。下面介绍本案例封底的制作过程。

1. 封底图案的制作

　　（1）新建一个【封面主图】组，在【图层】面板中同时选择封面主体图案和书名所在的图层，拖入该组中。选择【图层】→【复制组】命令，此时会打开【复制组】对话框，如图 12-71 所示。单击【确定】按钮，在该文件中复制选择的组，在【图层】面板中将这个组拖放到面板的顶端，如图 12-72 所示。

图 12-71　【复制组】对话框　　　　　图 12-72　复制组并将组放置于【图层】
面板的顶端

(2)选择【移动工具】,将组中的对象拖放到封底的位置。按 Ctrl＋T 键对对象进行自由变换,缩小图像的大小,并将其放置于封底的右上角,如图 12-73 所示。

图 12-73　缩小对象并放置对象

2. 添加封底文字

(1)使用【横排文字工具】在图像中拖出段落定界框,输入介绍本书特点的段落文字,并设置文字的字符样式,如图 12-74 所示。

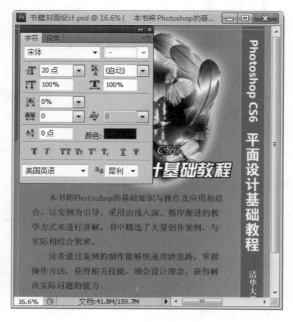

图 12-74　输入介绍本书特点的文字

（2）使用【横排文字工具】在图像的左上角输入编者和封面设计者信息，并设置字符样式，如图 12-75 所示。

3．添加条码和定价

（1）打开为本书专门创建的条码，如图 12-76 所示。使用【移动工具】将其放置到本书的封底，然后使用【自由变换】命令调整条码图像的大小，如图 12-77 所示。

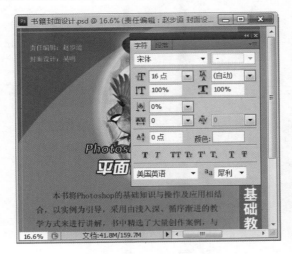

图 12-75　输入编者信息

图 12-76　本书的条码

图 12-77　添加条码

（2）使用【横排文字工具】输入定价和书号文字，并设置字符样式，如图 12-78 所示。

（3）对【图层】面板进行整理，将封底内容所在的图层放置到一个名为【封底】的图层组中,【图层】面板的最终效果如图 12-79 所示。对整个封面的各组成元素进行适当调整,效果满意后将文档保存为需要的格式。至此,本案例制作完成,最终效果如图 12-80 所示。

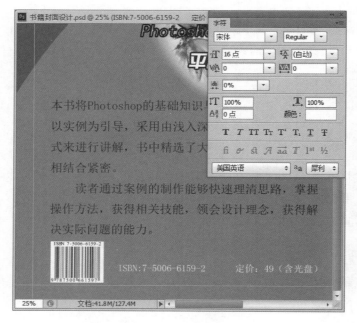

图 12-78　输入文字和书号信息

图 12-79　【图层】面板的最终效果

图 12-80　本案例的最终效果

12.3　背景知识简介

书籍的装帧是针对书籍的一种美术设计,是一种针对书籍形态进行的设计工作。下面对书籍装帧的有关知识进行介绍。

12.3.1　关于书籍装帧

书籍的装帧设计是一个系统工程,不仅需要一定的美学基础,还需要对制作的工艺和材料有深入的了解。本节介绍书籍装帧设计的有关知识。

1. 书籍装帧

书籍装帧设计是指书籍的整体设计,它包括的内容很多,其中封面、扉页和插图设计是其中的三大主体设计要素。如果要完成书籍装帧的设计,需要考虑纸张的选择、封面材料的选用、开本的确定、版式的设计、装订的方法以及印刷和制作的方法等多方面的问题。

现在的书籍一般采用两种装帧形式,即平装和精装。常见的书籍都是采用平装的装帧形式,而精装一般是相对于平装而言的,例如在书的封面、书脊上进行各种造型加工的书籍均属此类。

2. 书籍的开本

书籍的装帧设计首先要进行装帧策划,主要包括开本规划、封面结构和风格的设计,以及内页版面风格设计等方面。设计的开始就是开本规划。

所谓开本,通俗地说就是书籍的大小和长宽尺寸的比例。书籍开本的尺寸决定了书籍版面的大小和书籍出版的成本。书籍的开本规格包括下面几种。

- 基本开数。即所谓的对开、4 开、8 开等。任何规格的全张印书纸均能裁剪成这种开数为 2 的几何级数大小的纸张形式。
- 变化开数。这是一种采用不对等折法或对等与不对等相结合的裁剪法,可用来得到 3 开、6 开、12 开这样的开本。
- 特殊开数。这是一种不规则开切法,可形成特殊的开数,如 5 开、7 开等。

在书籍装帧时需要考虑开本规格,在选择开本规格时一般考虑书籍的经济成本、市场效益以及审美需要等方面的因素。

3. 正文版式

正文版式设计是书籍装帧的重点,在设计时应该考虑正文字体的类别、大小、字距和行距的关系。一定要注意字体、字号应符合不同年龄读者的要求,同时在文字版面的四周适当留有空白,使读者阅读时感到舒适、美观。对于正文的印刷色彩和纸张的颜色在设计时要符合阅读功能的需要,正文中插图的位置以及和正文、版面的关系要恰当,彩色插图和正文的穿插要符合内容的需要和增加读者的阅读兴趣。

正文的版式设计要有效且恰当地反映书籍的内容、特色和著译者的意图,符合不同年龄、职业和性别读者的需要,还要考虑大多数人的审美欣赏习惯,并体现不同的民族风格和时代特征,兼顾当代的技术和购买能力。

12.3.2　关于封面设计

封面的设计是书籍装帧设计的重要元素。所谓封面实际上就是书籍的外皮,从某种意义上说也是书籍内容的体现,是书籍装帧设计的主要对象。

1. 封面的结构

封面设计首先需要考虑封面的结构,封面结构从简单到复杂有多种形式,一般有下面几种:

- 简单的封面结构。这种结构由封面(即封一)、书脊和封底构成。封底和封一的宽度一致,书脊的宽度就是书的厚度。
- 带有勒口的封面结构。为了增加封面的信息量,有些书籍会加长封底和封面,加长的部分在装订时折边,称为"勒口"。
- 护封结构。这里,护封实际上就是一个带有勒口的封面,护封包在书籍的外面就和书皮一样,从而形成了双重封面结构。护封除了具有封面的功能以外还能够起到保护书籍的作用。

图 12-81 所示为带有勒口的封面结构示意图。

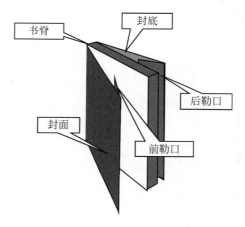

图 12-81　带有勒口的封面结构

2. 封面设计中的版面设计

在封面设计中,版面尺寸的确定至关重要,版面的尺寸根据不同的开本会有所不同。这里,封底和封面的尺寸一般不需要计算,采用某一开本的规格即可。但书脊的宽度需要进行计算才能确定,在计算时应考虑两个问题,即书的总页数和书籍所采用纸张的厚度,这两个数据决定了书脊的厚度。在书脊的厚度确定后,整个设计版面的尺寸也就确定了。对于有关的具体数据,读者可以查阅专业书籍,这里不再赘述。

书籍封面的设计一般采用下列步骤:首先建立包括封底、书脊和封面的完整版面,此时书脊厚度应该已经确定;然后使用设计软件进行设计制作,编排图片、文字等版面元素,进行版面设计。

习题参考答案

第 1 章习题答案

一、填空题

1. 文字；图像

2. 位图图像

3. RGB

4. Ctrl＋Tab；Ctrl＋Shift＋Tab

二、选择题

1. C；　2. B；　3. A

第 2 章习题答案

一、填空题

1. Esc

2. 颜色；起始点；选框线

3. 范围；越大；0～255

4. 【以快速蒙版模式编辑】；以红色；50％的透明度；保持原状显示

二、选择题

1. A；　2. C；　3. B；　4. D；　5. C

第 3 章习题答案

一、填空题

1. 黑色；白色

2. 前景色；图案

3. 硬边画笔；软边画笔；图案画笔

4. 径向渐变；角度渐变；对称渐变；菱形渐变

5. 形状图层；路径；填充像素

二、选择题

1. D；　2. C；　3. C；　4. B

第 4 章习题答案

一、填空题

1. 移去

2. 背景橡皮擦工具

3. Ctrl；Ctrl＋Shift；Alt＋Shift＋Ctrl

4. 恢复工具

5.【图案图章工具】

二、选择题

1. A； 2. A； 3. D； 4. D； 5. B； 6. C

第 5 章习题答案

一、填空题

1. RGB；CMYK

2. 黑；白

3. 颜色；纯度；明亮

4. 白；黑；白；黑；亮；暗

5. 相对位置；180；增加；两种

二、选择题

1. C； 2. A； 3. D； 4. B

第 6 章习题答案

一、填空题

1. 普通图层；背景图层

2.【移动工具】；【移动工具】；右

3. 最顶层；向上移动一层；向下移动一层；背景层之上

4. 合并；合并；所有图层；合并

5. 透出；透明；不透明

6. 投影；内阴影；斜面和浮雕

7. 渐变填充图层；图案填充图层

二、选择题

1. B； 2. D； 3. D； 4. B； 5. D

第 7 章习题答案

一、填空题

1. 线段；曲线；贝塞尔曲线；没有；两个；线；锚

2. 遮蔽；遮盖；256；不会透明显示；完全透明的；透明

3. 颜色通道；1；3；复合通道

4. 灰色；0～255

二、选择题

1. A； 2. B； 3. C； 4. D； 5. A

第 8 章习题答案

一、填空题

1.【直排文字工具】；【直排文字蒙版工具】

2. 点文字和段落文字；独立的；段落文字；文本定界框

3.【窗口】→【字符】命令

4.【窗口】→【段落】

5. 锚点添加；与路径垂直；将与路径平行

二、选择题

1. D；　2. C；　3. A；　4. D

第 9 章习题答案

一、填空题

1. 单独的操作；批处理；自动化；编辑管理；按钮模式

2. 动作组；新动作；录制动作

3. 组；【存储动作】

4. 画框动作；文字特效动作

二、选择题

1. D；　2. D；　3. A；　4. B

第 10 章习题答案

一、填空题

1. 外挂；开放式程序

2. 任何

3. 内置滤镜；外挂滤镜

4. 透视平面

二、选择题

1. C；　2. D；　3. D；　4. A

教 学 资 源 支 持

敬爱的教师：

感谢您一直以来对清华版计算机教材的支持和爱护。为了配合本课程的教学需要，本教材配有配套的电子教案（素材），有需求的教师请到清华大学出版社主页（http://www.tup.com.cn）上查询和下载，也可以拨打电话或发送电子邮件咨询。

如果您在使用本教材的过程中遇到了什么问题，或者有相关教材出版计划，也请您发邮件告诉我们，以便我们更好地为您服务。

我们的联系方式：

地　　址：北京海淀区双清路学研大厦 A 座 707

邮　　编：100084

电　　话：010－62770175－4604

课件下载：http://www.tup.com.cn

电子邮件：weijj@tup.tsinghua.edu.cn

教师交流 QQ 群：136490705

教师服务微信：itbook8

教师服务 QQ：883604

（申请加入时，请写明您的学校名称和姓名）

用微信扫一扫右边的二维码，即可关注计算机教材公众号。

扫一扫
课件下载、样书申请
教材推荐、技术交流